ブックレット《アジアを学ぼう》52

塩谷哲史

転流

アム川をめぐる中央アジアとロシアの五〇〇年史

風響社

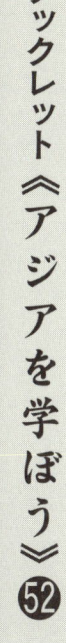

地図1　現代の中央アジア地域（典拠　小松編 2000、447 頁）

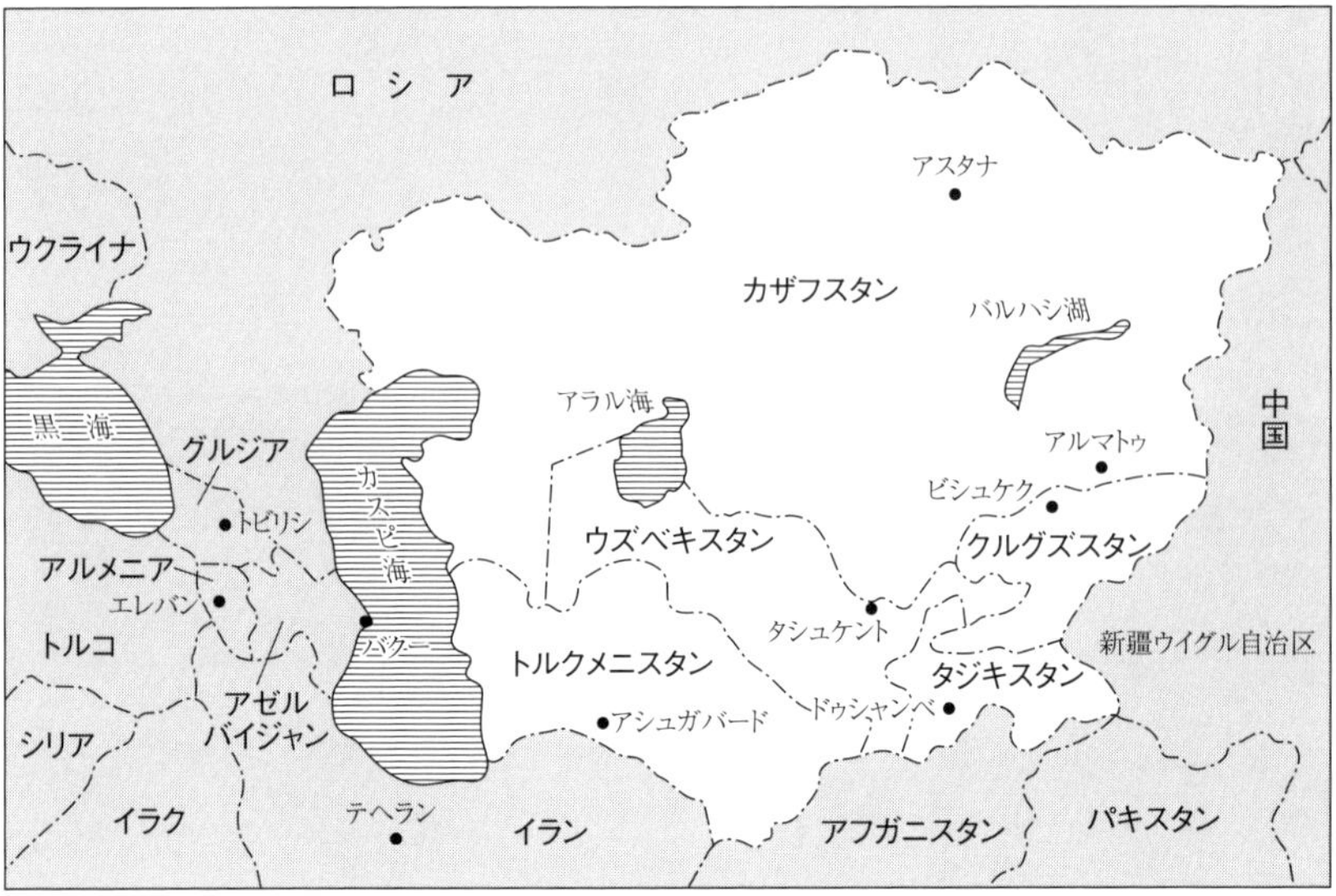

転流――アム川をめぐる中央アジアとロシアの五〇〇年史

塩谷哲史

一　はじめに

本書は、ロシアがこの五〇〇年をかけて、中央アジアと政治・経済・文化などの多面にわたる関係を構築した過程で、追求してきた課題――アム川をカスピ海に転流させるという課題――の展開を明らかにする。

一九九一年のソ連解体にともない、ウズベキスタン、カザフスタン、キルギス、タジキスタン、トルクメニスタンからなる中央アジア五カ国は独立を果たした。この独立は、一九世紀中葉以来、一世紀半近くロシア帝国（一六一三～一九一七年）、ソ連（一九二二～九一年）という国家のもとで政治的に統合されてきたロシアと中央アジア地域が、それぞれ別個の国民国家として歩み出すことを意味していた。しかし、その統合の遺産、とりわけソ連期の社会主義的近代化による正負の遺産は、中央アジア諸国に今なお根強く残っている。ロシア主導で結成され、旧ソ連諸国の経済統合から将来的な政治統合も視野に入れていると言われる、ユーラシア経済連合とその加盟国間での思惑の違い、各国の旧共産党エリートの世代交代、対テロ・麻薬対策を名目として駐留するロシア軍の地位、中央アジア諸国の農村部の疲弊とロシアへの出稼ぎ者の人権問題、一九六〇～七〇年代に急速に整備された都市インフラや電力

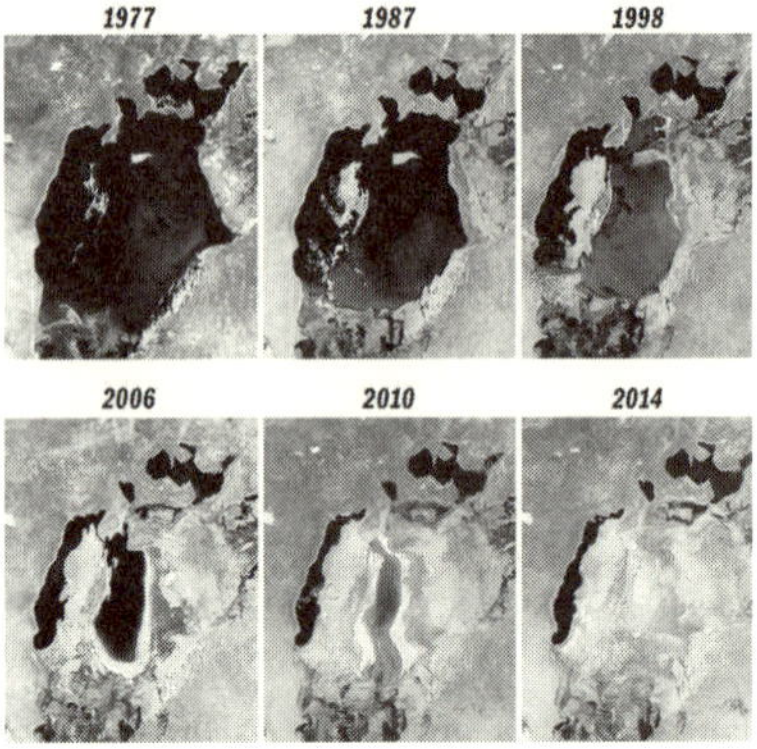

図1　1977年以降のアラル海の湖面積変化
（典拠 https://nat-geo.ru/nature/kak-vysushit-more-za-polveka-tragicheskaya-istoriya-arala/　2019年3月31日閲覧）

エネルギー網の更新、ナショナリズムの台頭とリンガフランカとしてのロシア語の地位低下にともなう教育水準の維持といった諸問題は、いずれもソ連期の社会主義的近代化を抜きには語ることはできない。

こうした遺産の一つに、アラル海問題がある。一九六〇年代にアラル海は当時世界第四位の湖面積（六万八〇〇〇平方キロ）を有していたが、現在はその十分の一以下まで縮小した（図1）。その結果、砂の飛散による塩害のために農地の生産性が低下し、飲料水の汚染によって人々の胃腸系疾患の増加が見られる。またアラル海湖面の熱の吸収・放出機能が失われたため、周辺地域の夏の高温をもたらしている。アラル海沿岸地域で発達した漁業は壊滅的な打撃を受け、漁業関係者の多くがこの地を去った（図2）。こうした様々な被害をもたらしたアラル海の湖面積縮小の直接の原因は、第一にソ連期アラル海流域[1]で展開された、綿花播種面積の拡大を目指した大規模灌漑事業に求められてきた。アラル海は、北方に東は大興安嶺から西はカルパチア山脈に延びるユーラシア草原地帯の一部をなすカザフ草原（面積約八〇万平方キロ）が広がっているとはいえ、他の方角はカラクム（約三五万平方キロ）、キジルクム（約三〇万平方キロ）という二大砂漠に囲まれた乾燥地域に位置している。そしてこの海は、中央アジアの二大河川アム川、シル川からの河水流入量と、湖面からの蒸散量の均衡によって保たれた、大部分は水深一〇メートル以下の広く浅い内海だった［峠　二〇一五：九］。それゆえアム川、シル川からの大量取水をともなうソ連期の大規模灌漑事業と綿花播種面積の拡大により、両河川からアラル海への流入量が激減した。そして一九八〇年代から、アラル海の湖面積は急速に縮小していった。

現在、アラル海問題の解決を目指し、国家間レベルから民間レベルまで幅広い取り組みがなされている。ソ連解体直後の一九九二年に設立されたアラル海流域諸国間の水利用を規正するための国際機構（水管理調整国際委員会 Interstate Commission for Water Coordination of Central Asia, ICWC）は、中央アジア地域内諸国の水資源問題のみならず、アラル海問題にも取り組んでいる［ダダバエフ　二〇〇八：二八―二九］。近年ウズベキスタンの綿作地域では、綿作モノカルチャーから多種栽培への転換が図られている。またカザフスタン領内の小アラル海では、漁業再生が試みられている。さらに、二〇〇六年から石田紀郎を中心に市民環境研究所が現地で続けている植林事業のように、日本からの貢献もある［「アラル海で続ける植林」］。また欧米の研究者たちもソ連末期のグラスノスチ（情報公開）の時期からアラル海問題の深刻さに注目し始め、おもに政策担当者や地理学、水文学、土壌学、人類学の専門家がこの問題に関する著作を刊行し続けている。しかし残念ながら、歴史学の視点からこの問題に取り組む研究は、本書で取り上げる断代史的な研究がほとんどで、まだ多くの仕事が積み残されているのが実状である。

図２　ヒヴァでは魚料理が客人をもてなすごちそうである。筆者撮影。

本書は、一六世紀中葉以降ロシアが、政治・経済・文化などの多面にわたって中央アジアとの関係を構築した過程で、いく度となく実現を追求してきた、アム川のカスピ海への転流構想の歴史をたどる。一六世紀中葉にロシアは、ヴォルガ流域の軍事征服を通じて、「タタールのくびき」すなわち一三世紀のルーシ征服以降続いていたモンゴル帝国およびその後継諸政権への従属から脱した。その後繰り返されたアム川のカスピ海への転流の試みは、二〇世紀後半になってついにはアラル海問題に代表される大規模環境破壊の一因になった。この歴史を知るために、ロシア、西欧、日本の先学の業績を参照しつつ、筆者が研究に取り組んできたチャガタイ・トルコ語を始めとする諸言語で書かれた歴史史料の記述や、最近従事しているウズベキスタン共和国ホラズム州でのフィールドワークの聞き取り記録を随所で紹介しながら、新たな事実に光を当てていく。

二　転流構想の誕生

1　ジェンキンソンの中央アジア探検

一四九二年のコロンブス率いる船隊のヨーロッパ＝アメリカ大陸間の航路、一四九八年のヴァスコ・ダ・ガマ率いる船隊の喜望峰周り航路の「発見」という相次ぐ二つの事件は、世界商業のあり方を根本から変えていくことになった。ジェノヴァ、ヴェネツィアを中心とするイタリア諸都市の商人、船乗りたちが主導した黒海から地中海を経て大西洋に至る長距離海洋交易網とその交易方法は、イベリア半島のポルトガル、スペインにおける航海技術の発展と合流し、全世界へと広がっていった。一方で、「タタールのくびき」と呼ばれたモンゴル帝国およびその後継諸政権の支配のもとで勢力を伸長させたモスクワ大公国（のちのロシア帝国）は、イヴァン四世（在位一五三三〜一五八四年）の治世に、一五五二年カザン、一五五六年アストラハンを相次いで征服し、ヴォルガ流域の支配を確立した。

スペイン、ポルトガルに遅れて長距離海洋交易に参入したのは、オランダ、イングランドといった大西洋岸の西欧諸国の商人たちであった。彼らは地中海やバルト海、北海にも交易網を広げていった。イングランド政府は、ポルトガルとは異なった経路でアジアに到達できる交易路を探すため、またモスクワ大公国の勢力拡大に眼をつけ、一五五三年初めての極北探検隊を組織した。この探検隊は遭難してしまったが、生き残った一人がモスクワで歓待を受け、帰還することができた。これを機にイングランドで設立されたモスクワ会社は、ロシアから中央アジアを経て中国に至る交易路の実態を調査することにした。そして一五五八年、同社の全権であるアンソニー・ジェンキンソンがイヴァン四世の支援を受けて、アストラハンからカスピ海を渡ってマンギシュラク半島に上陸し、その後同地の隊商に加わって、ヒヴァ、ブハラに至り、そこで越冬して、一五五九年ブハラとヒヴァからの使節をともなってモスクワに帰還した［佐口　一九六六：二二一―二二四］。

またモスクワ大公国は、ヴォルガ流域の征服から一〇〇年足らずの間に、主に狩猟民が住むシベリア各地を支配下に入れ、オホーツク海に達した。しかし、ユーラシア草原地帯に展開する騎馬遊牧民の軍事力に支えられた中央アジア南部の諸政権（ブハラ、ヒヴァ）に支配を及ぼすことは難しかった［宇山　二〇〇〇：一二三］。当時の中央アジア南部では、一五世紀末から一六世紀初頭にかけてキプチャク草原（ほぼ現在のカザフ草原に相当する地域）から南下したウズベク遊牧集団が、大河川流域に拓けたオアシス地域を征服し、マーワラーアンナフル（ブハラ、サマルカンドなどが中心）、ホラズム（ウルゲンチ、のちにヒヴァが中心）などでそれぞれのハン国（ブハラ・ハン国、ヒヴァ・ハン国）を建国していた。ただし、一六世紀後半から一七世紀にかけてのロシアと中央アジアとの関係は、政治面ではモスクワとウズベク諸ハン国との間の使節の往還に限られていた。通商面での両者の関係は、もっぱらムスリム商人およびインド商人の北インド、イラン、ブハラ、アストラハンなどをつなぐネットワークに支えられていたが、ロシア商人の中央アジア進出は単発で、継続性のないものに限られていた。

ジェンキンソンの旅は、その後のイングランド商人によるロシア、中央アジア、そして陸路でのアジアとの交易拡大のみならず、ロシア商人の中央アジア進出とも結びつくことはなかった。しかし、彼がモスクワに置き土産としてもたらした情報は注目すべきである。それは以下のような内容だった。

かつてこの〔カスピ海の〕湾に五つ目に大きい川であるオクサスが注いでいて、それ〔オクサス〕は水源をインドのパラポニスス山地中に持っていた。そしてそれは今さほど遠くないところを北へと流れ、それから地中に消え、地下を一〇〇〇マイルほど流れて、再び地上に現れ、キタイ湖に流れこむアルドクという川に注いでいる［Jenkinson 1886: 68］。

ジェンキンソンは、パラポニスス山地やアルドク川、キタイ湖を実見したわけではなく、今なおこれらの場所は比定されていない（図3）。しかしおそらく、彼がもたらした情報をもとに、その後ロシアでは、インドの山岳地帯からカスピ海に流入する河川があるのではないか、と考えられるようになった。

図3　ジェンキンソンの地図（典拠 Berg 1908, p. 30）

なお、実際に一三世紀から一六世紀にかけて、一定期間、アム川の流水の一部は、少なくともカスピ海に流入していたと考えられる。帝政末期からソ連初期にかけて活躍したロシアの東洋学者バルトリド（生没一八六九～一九三〇年）は、おもにアラビア語、ペルシア語、チャガタイ・トルコ語で書かれた同時代の地理書、百科事典、歴史書を博捜し、アム川のカスピ海への流入に関する証言を集めて検討した。その上で彼は、一二一九年からのホラズム・シャー朝征服に始まるモンゴル軍の西征の結果、アム川下流域の灌漑網が破壊され、その後次第にアム川はカスピ海に流入するようになり、そうした流入は一六世紀後半までには止まっていた、という仮説を提示した［Bartol'd 1965］。ここでは、バルトリドも紹介している、当時アム川がカスピ海に流入していたことを示す史料の記述を紹介したい。まず一三四〇年イルハン朝の歴史家ハムドゥッラー・ガズヴィーニー〔生没一二八一～一三四四年〕がペルシア語で著した宇宙誌である『心魂の歓喜』には、以下のように記されている。

すべて〔の支流が〕合流すると、〔ジャイフーン〕川〔アム川〕はハザラスプ近郊にあるブキヤ村付近で、獅子の口という峡谷を通る。峡谷は二つの山の間にあり、それら〔の山〕の間はとても狭く、幅は一〇〇ガズに満たない。この川は最大の水量となってここを流れる。そして地面と砂の中に消える。二ファルサフにわたって見えなくなる。しかしこの砂の上を渡ることはできない。ジャイフーンから大きな水路が分かれていて、それらの両岸には多くの建築、数えきれない耕地がある。〔そうした水路は〕ガウホレ、ハザラスプの水路、ケルダルの支流、ギリエの水路、ヒヴァの水路などである。それらは皆、船で容易に航行できる。いくつかの水路はホラズム海〔アラル海を指す〕に注ぐ。ジャイフーンの最大の支流は、ホラズムを通って、フルムの丘から流れ落ちる。それをテュルク語でギョルレディ〔「ざわめき」の意〕と呼ぶ。そのざわめきの音は、一ファルサフから、三ファルサフ先まで聞こえる。こののち、ハーリージャーンの地点でハザル海〔カスピ海を指す〕に注ぐ。そこには漁師たちが住んでいる。ホラズムから〔ハザル〕海まで六日行程である。この川の長さは、五〇〇ファルサフである。この川は冬には厚い氷に覆われ、短期間隊商がそこを渡れるほどである。氷の表面から穴を数ガズの深さまで掘ると、流水に達する(2) [Hamd Allāh Mustawfī 1915: 213-214]。

〔ハザル海には〕約二〇〇の島々がある。そのうち最もよく知られているのはアービスクーンだが、現在は水面下にある。なぜなら、ジャイフーンは以前ヤージュージュとマージュージュの国々の向こうにある東河 **Daryā-yi Mashriq** に注いでいたが、モンゴル人が現れた頃からその流れを変え、この〔ハザル〕海に注いでいる。この海は他の海とつながっていないので、陸の一部を浸水させ、流入と流出の均衡が保たれる［Ḥamd Allāh Mustawfī 1915: 239］。

また、ティムール朝の君主シャールフ（在位一四〇九〜四七年）の宮廷において、一四一四年から六年の歳月をかけてハーフィズ・アブルー（一四三〇年没）がペルシア語で著した『歴史』[3]には、以下のように記されている。

バルフ川。アラブではジャイフーン Jayḥūn と呼ばれている。ホラーサーンではアームーヤ川〔と呼ばれている〕。なぜなら、ホラーサーンからブハラへ向かうときの渡河点が、アームーヤ村にあるからである。〔中略〕古い書物には、そこからホラズム海 Baḥīra-yi Khvārazm〔アラル海を指す〕に流れると書かれている。しかし現在[4]この海は消滅している。水はハザル海 Baḥīra-yi Khazar〔カスピ海を指す〕へと向かった。ハザル海沿いのある地点で、〔そこに〕注いでいる。そこはギョルレディと呼ばれている。またはアクルチャとも呼ばれている。ホラズムを通るが、ハザル海に注ぐその地点まで大半は荒野である［Ḥāfiẓ Abrū 1997: 169-170］。

当時ホラズムを訪れた人物から証言を得ることのできた著述家として、マムルーク朝期のエジプト、シリアで活躍した百科全書家ウマリー（一三四九年没）がいる。彼の叙述は、他からの引用と自らの見聞とを明確に区別している点に特徴がある。そのアラビア語で書かれた地理書『諸国道里一覧』の中で、彼は「漂泊の商人たち」の一人が伝えた情報を以下のように伝えている。

敬愛すべきハサン・アル＝イルビリーが語ることによると、漂泊の商人バドリッディーン・ハサン・アッルー

> ミーの話によれば、〔中略〕この国家〔キプチャク人の王国 mamlaka al-Qipchāq＝ジュチ・ウルスを指す〕で知られている大河川は、サイフーン〔シル〕、ジャイフーン〔アム〕、トゥーナー〔ドナウ〕、イティル〔ヴォルガ〕、ヤイク、トゥン〔ドン〕、トゥルルー〔ドニエストル〕である。〔中略〕ジャイフーンとイティルは、紅海 Baḥr al-Qulzum〔ここではカスピ海を指す〕へと向かい、サイフーンは、ジャンドの町の下流の砂漠の間を二日行程流れて、そこ〔紅海〕へと向かう。上述のほかの諸河川は、オマーン海 Baḥr ʻUmān〔インド洋を指す〕へと向かう。この国のこれら七つの川のうち、マーワラーアンナフルの気候帯に属するのは、サイフーンとジャイフーンである、と。私が正すとすれば、ジャイフーンは、約一〇〇ファルサフ〔流れて〕塩海 Baḥīra Milḥ〔アラル海を指す〕に注いでいる。そこにはシャシュ〔シル〕川も流れこんでいる。誤ってジャイフーンが紅海に流れていると考える者がいるが、この海〔塩海〕が大きいことから、そう思ってしまうだけだ。ジャイフーンとシャシュ川との距離は一〇日行程である。この海はホラズム海 Baḥīra Khvārasm として知られている。その中央にジャガルという名の山があり、そこでは夏まで水が凍っている［Al-ʻUmarī 1884: 215-216］。

ウマリーはこの引用の最後の部分で、おそらくは自身が一〇世紀までにアラビア語で書かれた様々な地理書から得た知識をもとに、アム川がカスピ海に流れていることを否定している［Bartolʼd 1965: 54-56］。しかしウマリーの、自身が得た情報と他者からの情報を区別した記述のおかげで、アム川がカスピ海に流れているという同時代の証言が、彼の記述の中に保たれている点が重要である。

これらの記述は、一四世紀から一五世紀前半にかけて、アム川がカスピ海に流れるという現象が起きていたことを物語っている。しかし一五世紀後半から一六世紀前半にかけての状況は史料の記述不足から明らかではない。

一方で、一七世紀のヒヴァ・ハン国の君主アブルガーズィー・ハン（在位一六四四～一六六三／六四年）はその著作『テュ

図4　現在のクニャ・ウルゲンチ。10 ～ 16 世紀にかけてホラズム・オアシスの中心都市であった。筆者撮影。

ルク系譜』の中で、次のように述べている。

〔一六〇五年に〕朕が生まれる三〇年前、アム川の水がハーストのミナレットの上流、カラ・アイグル・トガイと呼ばれるところへと流れるようになり、トク・カラに向かい、シルの海〔アラル海を指す〕に流れたそうである。このためウルゲンチ〔現在のクニャ・ウルゲンチ〕は砂漠になった。ウルゲンチの住民は、砂漠になっても住み続け、ハンを始め、軍人たちは、夏アム川に面した土地で播種して住み、収穫をしてからウルゲンチに行った[5]［'Abū al-Ghāzī Bāhadur Khān 1970: 291］（図4）。

これらの証言は、一三世紀中葉から一六世紀前半にかけて、アム川が現在よりも西方のカラクム砂漠寄りへ、さらにカスピ海へと流れていた可能性を示している。しかし現時点において、いずれの証言からも、アム川のカスピ海への流入がどれほどの期間続いたのか、またその水量はどれほどだったのか、さらにその流水が淡水だったのか、塩水だったのか、当時の河床はどこにあったのかなどについて明確な情報をえることはできない。またソ連期の地質調査結果の中には、ウズボイ〔アム川がカスピ海に流れていたときの河床跡とされた場所〕にある流水跡は一四世紀末から一五世紀初頭にかけてのごく短期間のものだとする結論も出されている。ただ、アブルガーズィー・ハンの記述に見られるように、一五七〇年代にアム川がより東方へと流れを変えたのち、アム川のカスピ海への流入はなくなった。

2　ピョートル一世の転流構想

ロシアと中央アジアとの関係は、ピョートル一世（在位一六八二～一七二五年）の即位により大きく変わることになった。彼は、西欧をモデルとして旧来のロシアの国家と社会のあり方を根本的に変えたとされる［土肥　二〇一三：二］。一六九七～九八年、自らが派遣した使節団の一員を装って西欧諸国を視察し、先進的な学問や技術の吸収に努めたという話は名高い。また一七〇〇～二一年にかけて当時バルト海帝国として発展を遂げつつあったスウェーデンとの長期間の戦争（北方戦争）に勝利し、海洋進出の足がかりを得るとともに、その間の一七〇四年から、バルト海への出口にあたる新首都サンクト・ペテルブルグの建設に着手したこともよく知られている。

しかしこうしたピョートルの改革とその位置づけは、おもにロシア史に固有の、またはロシアと西欧やオスマン帝国との関係史の文脈で語られることが多い。ピョートルのアジアへの関心はどうだったのだろうか。

ピョートルは、オスマン帝国と戦端を開いて、黒海進出を企図した。つまり、ロシアにいた外国人技術者を集め、伝統的な造船技術を利用し、大量の木材を調達してロシア最初の艦隊であるアゾフ艦隊を編制した。そして一六九六年には、黒海に連なるアゾフ海に面したオスマン帝国のアゾフ要塞を占領し、一七一一年まで短期間ながらもこれを維持することができた［土肥　二〇一三：一二一―一六］。これは、ロシアがアゾフ海から黒海へと進出する初めての試みであった。

しかし彼の企図がより成功を収めたのは、カスピ海においてであった。ヴォルガ下流域に位置し、一五五六年以来ロシアの支配下に入ったアストラハンは、彼の進出政策の拠点になった。すでに一七世紀アストラハンには、タタール商人やインド商人、アルメニア商人など様々な地域出身の商人たちが集まっていた［佐口　一九六六：八六―九〇］。そのうちアルメニア商人は、イラン（ペルシャ）のサファヴィー朝（一五〇一～一七二二年）の首都イスファハーン近郊のジュルファーに拠点を持ち、大西洋岸から東南アジアに至るユーラシア各地に商業ネットワークを構築していた。彼らは一六六七年ロシア政府と協定を締結し、ロシア領内でのイラン産絹織物販売の独占権を得るとともに、様々な商業特権を獲得した。そしてアストラハンのアルメニア人たちは、自分たちのコミュニティ独自の法典datastanagirk'を編纂し、一八四〇年に至るまで広範な自治権を享受した［Poghosyan 1967: 7-36］。そしてピョートルは、彼らの協力も得て、アストラハンを拠点としたカスピ海艦隊を整備することができた。

一七一四年からピョートルは、北カフカース出身の君侯で、貴族身分を与えられていたアレクサンドル・ベコヴィチ・チェルカッスキーに遠征隊を組織させ、カスピ海東岸の探検を行わせた。その前年（一七一三年）には、ホージャ・ネフェスと名乗るトルクメン人がアストラハンに現れ、金鉱があるアム川流域の国（ホラズム、つまりヒヴァ・ハン国）の征服をピョートルに提案したい、ホラズムのウズベク人たちはロシアを恐れてアム川に堰を築き、カスピ海に流れないようにしていると述べた。この知らせを受けたピョートルは、チェルカッスキーにヒヴァ遠征を命じた。その目的は、ホラズムにある堰を破壊し、アム川を本来流れるべきカスピ海に注ぐようにすべきこと、それによってヴォルガ川、カスピ海、アム川を経由してインドに至る通商路を開拓すること、そしてホラズムの金鉱の探査を行うことだった［佐口　一九六六：九二―九四］。ピョートルの頭の中には、インドの山岳地帯から流れ出し、カスピ海に注いでいた、そしてヒヴァ人の妨害がなければ今でも注いでいるはずの河川こそがアム川であるという認識があったに違いない。カスピ海東岸に上陸したチェルカッスキー率いる遠征軍約三〇〇〇人は、カラクム砂漠を横断してホラズムに到達した。このとき、ピョートルが整備したカスピ海艦隊は、初めて軍事目的で利用され、チェルカッスキー率いる遠征軍の兵士たちを、アストラハンからカスピ海東岸へと運んだ。しかしヒヴァ・ハン国の君主シール・ガーズィー・ハン（在位一七一四～二七年）は、チェルカッスキーが率いる大軍の補給を確保するために、分散して宿営することを提案し、その遠征軍が分散するや各個撃破したという。チェルカッスキーは戦死し、遠征軍は四散した〔佐口　一九六六：九四―九五〕。なお、一九世紀前半のヒヴァの宮廷史家ムーニスによると、ハンはウズベクの有力者たちをチェルカッスキーのもとへ派遣した。そしてムーニスはそのときの様子を、次のように伝えている。

彼らはダウラト・ギレイ〔チェルカッスキーを指す〕に策略をかけ、宴会を口実にして、ムスリムの共同体の敵を地獄の深みの宿へと送った。マスナヴィー〔韻文〕。貴殿が何かについて決断をするとき、それに向かって刀を抜く必要があるだろうか。アレクサンダー大王はしばしば策略によって国を征服した、戦闘によって征服しえなかったならば。慎重な手段こそが幸運の印である、幸運なる人々はそれを見逃すことなどない〔Shīr Muḥammad Mīrāb Mūnis 1988: 155〕。

この記述は、司令官であるチェルカッスキーが宴会を口実に呼び寄せられて殺害されたことを物語っている。現存の史料からは、この遠征にともなって大規模な戦闘が起きたことは確認できず、そのホラズム社会への影響はほとんどなかったと言えるだろう。

こうしてチェルカッスキーの遠征自体は完全な失敗に終わった。しかしロシア側では、この遠征で初めて、アム川のカスピ海への転流実現が、ロシアとインドを結ぶ通商路開拓という目的のための事業であると位置づけられた。またこの遠征によってロシアとヒヴァとの関係が断絶したわけではなかった。チェルカッスキーの遠征失敗後早くも一七二一年、ピョートルは側近のイタリア人フロリオ・ベネヴェニを使節としてヒヴァ、ブハラへと派遣している。一七二五年二月になってやっと、ベネヴェニはブハラを出発してヒヴァに向かい、シール・ガーズィー・ハンに謁見した。彼はそのときのやり取りを、イタリア語で書いた日誌の中で伝えている。まずシール・ガーズィー・ハンが語ったことを、以下のように伝えている。

私は、私の先祖たちが保っていたのと同じように、陛下〔ピョートル〕との親密な友好を望んでいて、双方の商人たちが以前通り交易をできるよう〔望んでいます〕。なぜなら、敵対からは何も良いことは生まれないからです。陛下は我々の貧しい国に野心を抱かず、私もそうです。ヒヴァはロシアの国境から遠く隔たっています。陛下はやっとの思いをしてまで、我国にやって来ないでしょう。私はまったく彼の国〔ロシア〕に行くことなどできません。〔中略〕ベコヴィチ〔・チェルカッスキー〕公が、チンギス・ハン **Giege Khan** の家系に連なると主張し、陛下の命令に反して、数千の兵士を連れてヒヴァにやってきて、あたかもそれが当然のように自らハンになろうとしました。したがって、彼は陛下が信じているように、大使として来たのではありません［Beneveni 1853: 186］。

これに対してベネヴェニは次のように答えたという。

陛下は、たとえもっと近かったとしても、あなたの国に野心を抱いていません。〔サファヴィー朝の〕シャーは、アフガン人に対抗するための援助を受け、イスファハーンを取り戻すために、彼〔ピョートル〕に全王国 **regno intero** を差し出しました。陛下は野心があり、その王国やそれよりも良い一〇〇の王国を占領しようとして、彼を助けたわけではありません。彼はむしろ、助け守るべき古い友人からの贈物として、それ〔王国〕を受け取ったのです［Beneveni 1853: 186］。

もちろん、チェルカッスキーがチンギス・ハンの家系に連なり、自らヒヴァのハンになると主張した、ピョートルがサファヴィー朝のシャーからその全王国を与えられた、といった言葉がそのまま真実であるとは受け取れない。ただこのやりとりから知ることができるのは、シール・ガーズィー・ハン、ベネヴェニ、そしてベネヴェニを派遣したピョートルはともに、チェルカッスキーの遠征を、あくまで彼個人の野心によるものであり、ピョートルの野心によるものではないということにして、両者のこれまでの通商関係を維持しようとしたことだ。またベネヴェニのブハラ、ヒヴァ派遣が、ピョートルのペルシア遠征とインドとの通商路開拓の試みの一環であったこともうかがえる。ピョートルは、一七一五年サファヴィー朝にヴォリンスキーを派遣したが、そのときの訓令では、サファヴィー朝領内各地を可能な限り踏査することとともに、カスピ海に流入する大河川はいくつあるのか、それらはどこまで航行可能か、インドからカスピ海に注ぐ河川は存在するのかを調べるよう命令している [Poujol 1985: 65]。一七二二年のアフガン人のイスファハーン占領によって引き起こされたサファヴィー朝の混乱状態に乗じて、一七二二〜二三年にはピョートル自らアストラハンからカスピ海を渡って、ペルシア遠征を行った。この遠征で、ロシア軍はカスピ海の暴風に苦しめられ、食糧輸送を担ったカスピ海艦隊の船舶を多数失った。また折からのカスピ海西岸カフカース南東部（現在のアゼルバイジャン共和国）での不作が重なり遠征自体は失敗に終わったが、アフガン人やオスマン帝国からの攻勢に苦しむサファヴィー朝との交渉により、カスピ海沿岸諸地域を領土として獲得した。カフカース南東部出身のムスリム史家アッバース・クリー・アーガー・バキーハーノフ（生没一七九四〜一八四七年）によれば、ピョートルはこのとき、カスピ海南東岸のアスタラーバード（現在のイラン・イスラーム共和国ゴルガーン市にあたる）に海軍基地を建設し、そこから陸路でインドに至る通商路の開拓を企図していたという [Bakikhanov 1993: 161-162]。このようにヒヴァ遠征（一七一七年）からペルシア遠征（一七二二〜二三年）に至るピョートルのカスピ海とその近隣諸地域に対する介入には、彼のロシアとインドを結ぶ通商路開拓への強い関心が現れていたと言ってよいだろう。しかしこの間に獲得した領土は、イランの政治的統一を回復させたナーディル・シャー（在位一七三六〜四七年）と締結した一七三五年のギャンジャ条約までに次々と放棄され、ロシア軍のカスピ海南東岸への進出も計画倒れになった。

こうしてピョートルのロシアとインドを結ぶ通商路開拓を目指す軍事的な冒険はいずれも失敗に終わった。またヒヴァ遠征と並行して、金鉱の探査と中国に至る通商路開拓を企図して東トルキスタンに派遣した遠征軍（エルケティ遠征、一七一五～一七年）も、強大な遊牧国家ジューンガルの前に壊滅した［佐口　一九六六：九五―九六］。ただ、貿易の発展に期待して、ネルチンスク条約締結（一六八九年）以降も不安定であった清朝との関係の安定化に努め、その努力は、彼の死後一七二七年に締結されたキャフタ条約（翌一七二八年批准）となって実現した。

3　ピョートル一世の遺産

ピョートルの冒険にはいくつかの遺産があった。第一に、ピョートルが西欧の先進的技術の摂取に熱心であったことと裏表一体の関係にあるものとして、彼は一七一七年、一七二一年の二度にわたる自身のパリ滞在中、アラル海の存在を初めて西欧の学界に伝えたとされる［Berg 1908: 45, 57］。それまでプトレマイオス（八三年ごろ生）の『地理学』に記された情報の正確さを確信していた西欧の地理学者たちの間では、カスピ海には、その東西両岸から多数の河川が注いでいると信じられていた。とくにジェンキンソンが伝えたように（本節第1項参照）、インド方面からカスピ海へと注ぐ河川が複数存在し、アム、シル両河川もその一部だと信じられていた一方、カスピ海から東方の情報は曖昧で、地図にはアラル海の付近にアルドク川、キタイの海、さらに複数の湖沼や河川が描かれていた。一方、一六二〇年代ロシアで編纂された『大地図書』に、アラル海に当たる位置に「青海」と呼ばれる海が描かれている。ピョートルは、一七一七年のパリ滞在中に、アム川がカスピ海ではなくアラル海に注いでいるであろうことを、フランスの地図製作者ギョーム・ドリル（生没一六七五～一七二六年）に伝えた。さらにピョートルは一七一九～二〇年にカスピ海艦隊を利用して同海の測量を行わせ、その成果としてアム川がカスピ海に注いでいないという事実をドリルに伝えた。これらの情報をもとに、ドリルの没後刊行された地図では、西欧で初めてアム川とカスピ海の間が荒野であり、両者はつながっていないことが描かれた[7]［Berg 1908: 45］。また、一七二七年から数回にわたり中央アジア、イランを旅したギリシア人ヴァタツィは、ピョートルが行わせた調査とは別個に、自らアラル海を実見し、そのことを自身がギリシア語で記した『諸地域の記述』の中で述べ、収載した地図にも描いた〔図5〕。そこでは明確に、アム川もシル川もアラル海に注いでいて、カスピ海との間は荒野であるように描かれている。彼は次のように述べて、自身のアラル海発見が西欧の地理学界に一大センセーションを起こしたのだ、と自慢している。

> オクサス〔アム川〕とヤクサルテス〔シル川〕はともにこの海〔アラル海〕に流れこむので、古代人が無知から述べて信じたように、カスピ海に流れこむわけではない。アラルはカスピまで、かなりな距離で相互に隔たっている。私が述べるこの海はまさにアラルで、私がヨーロッパ、そしてロンドンに初めて伝え、〔その知らせを〕地理学に通じた多くの学者たちが、大いなる歓喜とともに受け取った［Vatatzēs 1886: 268］。

Часть карты Ватаци 1732 г.
図5　ヴァタツィ『諸地域の記述』収載の地図の一部（典拠 Berg 1908, p. 57）

ピョートルとヴァタツィいずれが先にアム川がカスピ海ではなくアラル海に流れている事実を西欧に伝えたのかは、検討の余地がある。いずれにせよ、ピョートルの治世末期から一七三〇年代にかけて、ロシアとインドを結ぶ通商路開拓を目指す軍事的な冒険は失敗に終わったが、アム川、シル川両河川がアラル海に注いでいること、そしてそれらの河川がカスピ海には注いでいないことが、ロシア、西欧の学界で初めて確認された。そしてこの問題に関心を持つ人々の間では、なぜアム川がカスピ海に流れなくなったのかという疑問が、新たに議論の的として浮上することになる。

第二に、アム川のカスピ海への転流実現と、それによるロシア＝インド間の通商路開拓というピョートルが果たせなかった計画は、その後も彼の遺志として、ロシアの歴代皇帝によるカスピ海沿岸地域、中央アジアへの進出の企ての中で、繰り返し語られることになった。確かにピョートル以後、カスピ海東岸からカラクム砂漠を横断しホラズムに至る地域での再度の本格的な探検は、一八六〇年代末のカスピ海南東岸のクラスノヴォーツク要塞建設とその直後から繰り返し行われた「旧河床」（ウズボイを指す。アム川がカスピ海に注いでいたときの河床と考えられていた場所）の調査を待たなければならなかった。しかしエカチェリーナ二世（在位一七六二～九六年）は、一七八一年ヴォイノヴィチ率いる遠征隊をカスピ海南東岸に派遣し、アスタラーバードに近いアーシューラーダ島での海軍基地建設を企てた。またパーヴェル一世（在位一七九六～一八〇一年）は、インド征服を企て、その前哨としてヒヴァ、ブハラへの遠征を企てたが、実行されなかった。二度のイランとの戦争（一八〇四～一三年、一八二六～二八年）によりカフカース南部にその支配を確立する過程で、ロシアのカフカース総督は一八一九～二〇年にかけてティフリス（現在のジョージア共和国の首都トビリシ）からカスピ海東岸を経てヒヴァへと使節を派遣した。この使節は、旧河床を見たと報告している。こうしたカスピ海沿岸地域、中央アジアへの軍事的な企図がなされるたびに、アム川のカスピ海への転流実現の可能性が議論の的になった。

さらに、一八世紀中葉から一九世紀初頭にかけてロシアから中央アジアを訪れた旅行者たちは、アム川がなぜカスピ海ではなくアラル海に流れているのか、その理由を様々なかたちで説明しようとした。プジョルの研究によれば、こうした旅行者たちの記録は二つのグループに分けられる。第一のグループは、ヒヴァ人がアム川の流れをカスピ海ではなくアラル海に向けてしまった理由についての風聞を伝えるもので、一七五〇〜七〇年代に優勢だった。先のホージャ・ネフェスが伝えた、ヒヴァ人がロシア人の侵入を恐れて堰を建設したからであるという話に始まり、その堰の建設は、カスピ海からヴォルガ下流域を根拠に略奪を繰り返していたステンカ・ラージン（生没一六三〇〜七一年）率いるコサックの侵入を恐れたからである、カルムィク人（ジューンガル）のハンへの服従から逃れるためである、砂漠に囲まれたこの地を征服したウズベク人が、オアシス住民への水供給を差配することで、その支配を確立するためである、といった様々な説明がなされた。しかしいずれも、伝聞や根拠のない噂に過ぎなかった。第二のグループは、そもそもこのヒヴァ人が築いたとされる堰やウズボイ（旧河床）が存在するか否かを明らかにしようとしたグループで、一八世紀末以降に優勢になってきた。カスピ海沿岸やアム川流域を訪れたロシア人から、実際にウズボイらしき河床跡を見たという情報が集められていった。そして一八二〇年ブハラに派遣されたメイエンドルフは、それまでに刊行された旅行記に見える様々な説を紹介しながら、ヒヴァ人が築いた堰によってアム川の流れが変わったかどうかは分からないが、アム川はかつてヒヴァの北方で二つに分岐し、一方はアラル海へ、もう一方はカスピ海に流れていたと主張した［Poujol 1985: 66-69］。こうしてアム川のカスピ海への流入がいつ、どれほどの規模であったのかという問題が明らかにされないまま、アム川をカスピ海に転流させることは可能であろうという議論が先行していく。

以上見てきたように、ロシア、西欧ではアム、シル両河川がカスピ海ではなくアラル海へと流れこんでいることは広く認知された。しかしロシアでは同時に、アム川は本来カスピ海に注ぐべきであるのに、ヒヴァ人が何らかの理由で堰を築いてそれをアラル海に注ぐようにしている、という説が広まった。そしてピョートルはそうしたヒヴァ人の企図を阻み、アム川の流れをカスピ海へと戻し、ロシアとインドを結ぶ交易路を建設することを唱えて、行動を起こした最初の人物であった。ロシアではその後、アム川のカスピ海への転流実現を前提にしながら、アム川がカスピ海へと流れなくなった理由が、ヒヴァ人の堰の建設によるものなのか否か、アム川がカスピ海に注いでいた河床跡（旧河床）はどこにあるのか、という議論が繰り返された。

三　転流事業の展開

1　ロシア帝国の中央アジア軍事征服

ピョートル以後、約一世紀半にわたって、ロシアはカスピ海とアム川、アラル海に挟まれた広大なカラクム砂漠に進出することはできなかった。一方で一七三〇～五〇年代に、遊牧民の侵入を防ぐ防壁、草原経由で中央アジア南部とロシアを結ぶ隊商交易の拠点として、カザフ草原の北辺には次々に要塞が建設されていった。一八二〇年代からロシアのカザフ草原に対する支配が強化されたが、一八三九～四〇年にかけてオレンブルグを起点として行われたヒヴァ遠征は失敗に終わった。一八四七年になってやっと、ロシア軍はシル川河口地域に要塞を建設することに成功し、同時にアラル海に初めて艦隊を創設した。このアラル海艦隊は、アム川河口部からホラズム方面への遡航を試みつつ、同河川の航行調査を継続した。またシル川河口に駐屯するロシア軍は徐々に同河川上流へと進軍し、一八六五年には当時中央アジア南部最大の商業都市に成長していたタシュケントを占領した。一八六七年そのタシュケントには、軍政執行機関であるトルキスタン総督府（一八六七～一九一七年）が置かれた。さらに一八六九年カフカース総督ミハイル・ニコラエヴィチ大公（在任一八六二～八一年）が派遣したロシア軍がカスピ海東岸のクラスノヴォーツクを占領し、ここに要塞を建設した。こうして一八六〇年代後半に入ると、カスピ海とアム川、アラル海に挟まれた地域はもはやロシアにとって未踏の荒野ではなくなっていた。

さらに中央アジア南部では、一方ではシル川からその上流域へと向かう、トルキスタン総督指揮下のロシア軍の

地図2　19世紀末から20世紀初頭にかけてのロシア帝国と中央アジア（塩谷2014、6頁掲載の地図をもとに作成）

軍事行動、他方でカスピ海東岸からコペト・ダグ北麓に沿ってアフガニスタンへと向かうカフカース総督指揮下のロシア軍の軍事行動が、一八八〇年代まで続いた。そしてブハラ・アミール国、ヒヴァ・ハン国はロシア帝国の保護国となり、フェルガナ盆地に成立していたコーカンド・ハン国は一八七六年にその領土をロシアに併合されて滅亡した。カスピ海東岸から進軍するロシア軍に頑強な抵抗を見せたトルクメン諸部族も、一八八一年ギョクデペ要塞の陥落と一八八五年メルヴのトルクメン諸部族の臣従表明を経て、ロシアの支配を受け入れざるをえなかった。またこの間、一八八一年のテヘラン条約で、ロシアとイランのガージャール朝との間でコペト・ダグでの国境が画定された。こうして中央アジア南部は、

シルダリヤ州、サマルカンド州、フェルガナ州、ザカスピ州（一八九九年まではカフカース総督府管轄下）、セミレチエ州（一八八二～九九年の間はステップ総督府管轄下）の五州からなる軍政執行機関トルキスタン総督府に、ブハラ、ヒヴァという二つの保護国を加えたロシア領トルキスタンが形成された。

2　「旧河床」を求めて

一八六九年のクラスノヴォーツクの占領と要塞の建設と同時に、かつてアム川がカスピ海に注いでいたときの河床（旧河床またはウズボイと呼ばれた）を探す調査が始まった。同年ミハイル・ニコラエヴィチ大公が派遣したストレトフ率いる調査隊、一八七三年トルキスタン総督カウフマン（在任一八六七～八二年）が、ヒヴァ遠征の直後カウリバルス伯に組織させたウルンダリヤ調査隊（アム川下流域での天体観測と地形調査、ヒヴァ・ハン国内での歴史学・民族誌学・統計学・言語学調査、旧河床調査を実施）、一八七三～七四年ロシア帝国地理学協会（一八四五年創設）とサンクト・ペテルブルグ自然科学者協会が組織したアムダリヤ遠征隊、一八七五～七六年トルキスタン総督府が組織したアムダリヤ組織委員会、ふたたびミハイル・ニコラエヴィチ大公が組織した一八七六年のウルンダリヤ委員会と一八七八年のゲリマン技師の派遣（アム川の決壊調査）、一八七八年ニコライ・コンスタンチノヴィチ大公（生没一八五〇～一九一八年）が組織した中央アジア鉄道の経路調査とアムダリヤ流域の研究のためのサマーラ学術遠征隊、一八七九～八三年、交通省が組織したアラル海・カスピ海間のアムダリヤ旧河床調査隊など、ほぼ連年、皇族、中央政府省庁、ロシア帝国地理学協会、現地総督府（トルキスタンとカフカース）が組織した旧河床調査が行われた。これらの調査には、V・A・オーブルチェフ、A・V・コマロフのような軍人や、天山山脈の地理学探検で知られたA・V・カウリバルス、一八七九年から上述のアラル海・カスピ海間のアムダリヤ旧河床調査隊の総隊長を務め、一八九三年シカゴで開催された万国博覧会でその著作が金メダルを受賞したA・I・グルホフスコイ、さらにA・コンシン、M・N・ボグダノフ、I・V・ムシュケトフといった地理学、地質学、動物学、気象学の専門家たちが加わった。彼らはアム川流域、アラル海沿岸やカラクム砂漠での調査に従事した。

しかし結局のところ旧河床の位置は特定できず、いつどこでアム川がカスピ海に注いでいたのかという議論は、百家争鳴の様相を呈した。たとえばオーブルチェフは、サルカムシュ低地からカラクム砂漠を横断してカスピ海東岸へと伸びる地峡が旧河床であると考え、アム川はその上流部で人為的に堰が建設されたために、カスピ海への流入を止めたのだと主張した。この考えはピョートルが信じた説とほぼ一致する。これに対しカウリバルスは、旧河床の存在を認めつつも、アム川の河床は、その流水自体の作用で次第に西から東へと移動したのであり、人為的な要因によって移動したわけではないと主張した。コマロフやボグダノフはあたかも雨水の流入によって形成された、ナイル流域に見られるワーディー（一時的に降雨などで水の流れる涸れ川）と同等のものと考える説を否定しようとした。コンシンやムシュケトフは、以前カスピ海とサルカムシュ低地はつながっていて、ウズボイはその海峡であり、アム川がカスピ海へと注いでいた河床ではないと主張した。そして東洋学者バルトリドは、一三世紀のモンゴルの侵入にともなうホラズムでの灌漑網の破壊の結果、一三世紀から一六世紀まではアム川の流水の一部がサルカムシュ低地、ウズボイを経てカスピ海に注いだ時期があり、一六世紀後半までには、アム川が再びアラル海だけに注ぐようになったことを、当時入手可能な文献や写本を博捜して論証した。さらに、アム川の流水が、その中流域の現在のアタムラト（ケルキ）付近から「ケリフのウズボイ」と呼ばれた河床へと分岐し、テジェン、ムルガーブ流域を横断し、コペト・ダグ北麓に沿ってカスピ海へと注いでいた可能性を指摘する意見も現れた［バルトリド　一九三七：五〇三―五〇四］。

こうした現地調査や文献調査にもとづく議論が重ねられると同時に、調査抜きで転流を実現しようと試みる人物も現れた。これまでの研究では、帝政期にアム川のカスピ海への転流実現に向けた具体的な試みは行われず、ソ連期になって初めて試みられるようになったと指摘されてきたが、それは誤りである。転流の即時実現を目指した代表的存在は、ニコライ・コンスタンチノヴィチ大公である。彼はロシア海軍近代化の父コンスタンチン・ニコラエヴィチ大公の息子で、ニコライ一世の孫にあたる。一八七三年ロシア軍のヒヴァ遠征に従軍し、自身が語るところによれば、そのときホラズム中部にあったラウザーン運河の取水口付近を訪れて、ここを起点としたアム川のカスピ海への転流は実現可能だと考えたという。そして一八七八年夏、アム川が決壊してラウザーン運河の取水口付近を冠水させると、大公はサマーラで「中央アジア鉄道の経路調査とアムダリヤ流域の研究のためのサマーラ学術遠征隊」を結成し、アム川を上流域から下流域へと下りながら遠征を始めた。この遠征には、植物学者でカザン大学の教授であったN・V・ソロキン、先述の地質学者ムシュケトフ、トルキスタン総督府の官報『トルキスタン報知』の編集者で統計学者のN・A・マエフ、画家のN・E・スィマコフとN・N・カラズィン、そしてクリミア戦争に参加した軍人で、当時大公の世話役を務めていたN・Ia・ロストフツェフ伯といった様々な専門家、軍人たちが参加した。しかし一八七九年九月末ヒヴァ・ハン国の対岸にあったロシア軍の要塞都市ペトロ・アレクサンドロフスクに到着した大公は、その後当時のハン国の君主サイイド・ムハンマド・ラヒーム・ハン（在位一八六四～一九一〇年）と交渉に入り、ラウザーン運河に築かれていた堰を破壊させた。彼はその理由について、次のように述べている。

アム川のウズボイへの流れは、自然の力ではなく、人工的にヒヴァ人たちの意志によって止められた。彼らはトルクメンを抑えようとし、旧河床への水の流れを止めた。つまり、まさにヒヴァ人にこそアム川をウズボイへと転流させる能力があるのである［Romanov: 54］。

最近〔一八七八年夏〕の決壊を見れば明らかなように、アム川の転流のために旧河床の上流部には何らの障壁もなく、導水には何ら特別な力さえ必要としない［Romanov: 45］。

大公は、一八世紀以来ヒヴァ人が堰を築いているためにアム川はカスピ海に流れるのを止めたという説を信じて、そうした堰さえ破壊すれば転流は容易に実現できると考えていたようだ。加えて彼は、堰を築くのも、そしてそれを破壊してアム川の水をカスピ海に導くのも、ともにヒヴァ人であると考えた。彼はこうした考えにもとづき、転流のための灌漑工事は容易であり、そうした工事は現地のヒヴァ人が負担すればよいと主張した。またこのとき大公は、一七一七年に描かれたピョートル一世の肖像画をハンに贈り、暗にチェルカッスキーの遠征を思い起こさせたという［Pravilova 2009: 268］。彼は一八九〇年にも同地を訪れて、堰の破壊を命じている。しかし彼の指示した二回の灌漑工事は、ラウザーン運河の水を利用する住民に渇水や冠水の被害をもたらし、ヒヴァ政権の消極的な対応とトルキスタン総督府からの反対を受け、中止となった。中止の理由は多岐にわたる。まずヒヴァ政権は転流作業のために必要な、莫大な労働力、資金提供を嫌ったのみならず、旧河床の復興にともなうロシアとの国境線の変更を懸念した。またトルキスタン総督府は、ヒヴァ・ハン国内の政情の悪化を招く可能性を懸念しただけではなく、当時第二次イギリス＝アフガン戦争（一八七八～八一年）でアフガニスタンに展開していた英印軍の侵入を警戒し、河床の変更にともない生じると予想された、アム川の水上交通への悪影響（具体的には軍事物資の輸送困難）を懸念した［塩谷　二〇一四：一二九―一四三、塩谷　二〇一六］。さらに大公が調査のみならず灌漑工事にまで踏みこんでしまったことには、学術遠征の参加者の間からも批判の声が上がった。ウズボイは河床ではなく海峡だったと主張したムシュケトフは以下のように述べている。

地質学的組成とともにその土壌の物理的特徴を根本的に解き明かすことなく、カスピ海からアム川までの全長に有名なウズボイがあるかどうかを知ることすらなく、夢想的な仮説と、遠く隔たったトルキスタンとロシアを水路で連結するという輝かしい構想に影響を受け、アム川をその旧河床を介してカスピ海まで導水することは可能だという不幸な考えにとりつかれるに至ったのである［Mushketov 1915: 351］。

ピョートルの夢の実現を前面に掲げた大公の工事が失敗に終わった要因は、以上述べたように多々ある。さらに彼の工事が支持を受けなかった要因として、一八八〇年代、もはや交通路開拓の方法への関心は、航路の開設から鉄道建設へと移っていたからだ、という見方もある［Pravilova 2009: 279］。一八八〇年に軍事目的でカスピ海南東岸の地域からコペト・ダグ北麓に沿って着工された鉄道は、のちにザカスピ鉄道と呼ばれるようになり、一八九九年にはサマルカンドまで完成し、カスピ海東岸地域からタシュケントへと鉄道が連結した。さらに一九〇六年にはロシア内地サラトフからオレンブルグ、カザフ草原を経由してタシュケントへと至るオレンブルグ＝タシュケント鉄道が開通した。こうした鉄道網の整備は、水上交通への関心を低下させたというのである。しかし実際には、軍事上、通商上、水上交通は重要な意味を持ち続けた。ロシア陸軍省内では、戦略的にアム川の水上交通と鉄道を相互補完的に利用する考えが主流を占めた。一八八二年解体された国営のアラル艦隊の船舶の多くを引き継いで、一八八七年新たにアムダリヤ艦隊が組織された。二〇世紀初頭の記録によると、民間の平底船（カユク、ケメ）六〇〇隻以上がアム川を往還し、年間の輸送総量は二五〇～三〇〇万プード(8)以上と見られていた［Masal'skii 1913: 571-572］。

また大公の転流工事、および先述のグルホフスコイの調査をもって、転流計画は忘れ去られたという見方も出されている［Pravilova 2009: 283］。確かに一八八〇年代に入ると、毎年のように続く旧河床調査隊の派遣は行われなくなったが、一八九〇年代に入ると、転流には、ロシア＝インド間の通商路開拓だけではなく、ロシア人を中心としたスラブ系移民の入植地および遊牧民の定住化を進める上で必要な土地の灌漑という目的が付け加えられた。その一例として、トルキスタン総督府が主導した新ラウザーン運河建設（一八九四〜九九年）が挙げられる。この建設工事の技術計画を作成した水利技師は、アム川とカスピ海を結ぶ水上交通路開設に転流の第一義を求めたそれまでの人々とは異なり、まずラウザーン運河周辺に新運河を建設してアム川の流水を旧河床に向け、旧河床沿岸の灌漑とともに、定期的な氾濫により冠水してしまうアムダリヤ・デルタ（アム川がアラル海に注いでいた河口部のデルタ地帯）の干拓を優先して実施し、その延長線上に転流を実現させようと考えた。この運河建設は、ヒヴァ・ハン国住民を動員して進められたが、工事は難航した。そして一八九九年冬までには、トルキスタン総督府が建設計画の失敗を事実上認めることになった。さらにこの運河開設に期待して移動してきたトルクメン遊牧民の一集団は、一八九九年以降継続的にハン国政権に対する抵抗運動を展開し、それは一九一三年以降本格化するハン国領内のトルクメンの反乱の前ぶれとなった［塩谷　二〇一四：一二八—一五六］。

3　企業家たちの進出

さらに、二〇世紀初頭の中央アジアでは、ロシア人企業家主体の大規模灌漑事業計画と綿花農園設立ブームが起きた。すでに一八八四年トルキスタンにおけるアメリカ種の長繊維綿花の試験栽培が成功すると、総督府による補助金制度などの後押しを受けて、現地民の間で綿花栽培が急速に拡大した。一九〇六年に開通したオレンブルグ＝タシュケント鉄道に代表される鉄道建設計画が浮上すると、こうした原綿のロシア内地への移出コスト・時間の低減が見込まれた。ロシア帝国中央政府も、ロシアの原綿自給達成（当時ロシアは原綿需要の約半分をおもにアメリカ合衆国からの輸入に依存していた）を目的として、こうした動きを歓迎した。一九〇四年ごろからモスクワの綿紡績・織物業者たちが計画し、一九〇九年になって設立した、フェルガナでの灌漑事業を目指すモスクワ灌漑会社が綿花農園設立ブームの嚆矢だろう。その正確な数は分からないが、一九一一年から一九一三年にかけて帝国政府には、ロ

地図3　20世紀初頭の中央アジア（塩谷 2014、7頁掲載の地図をもとに作成）

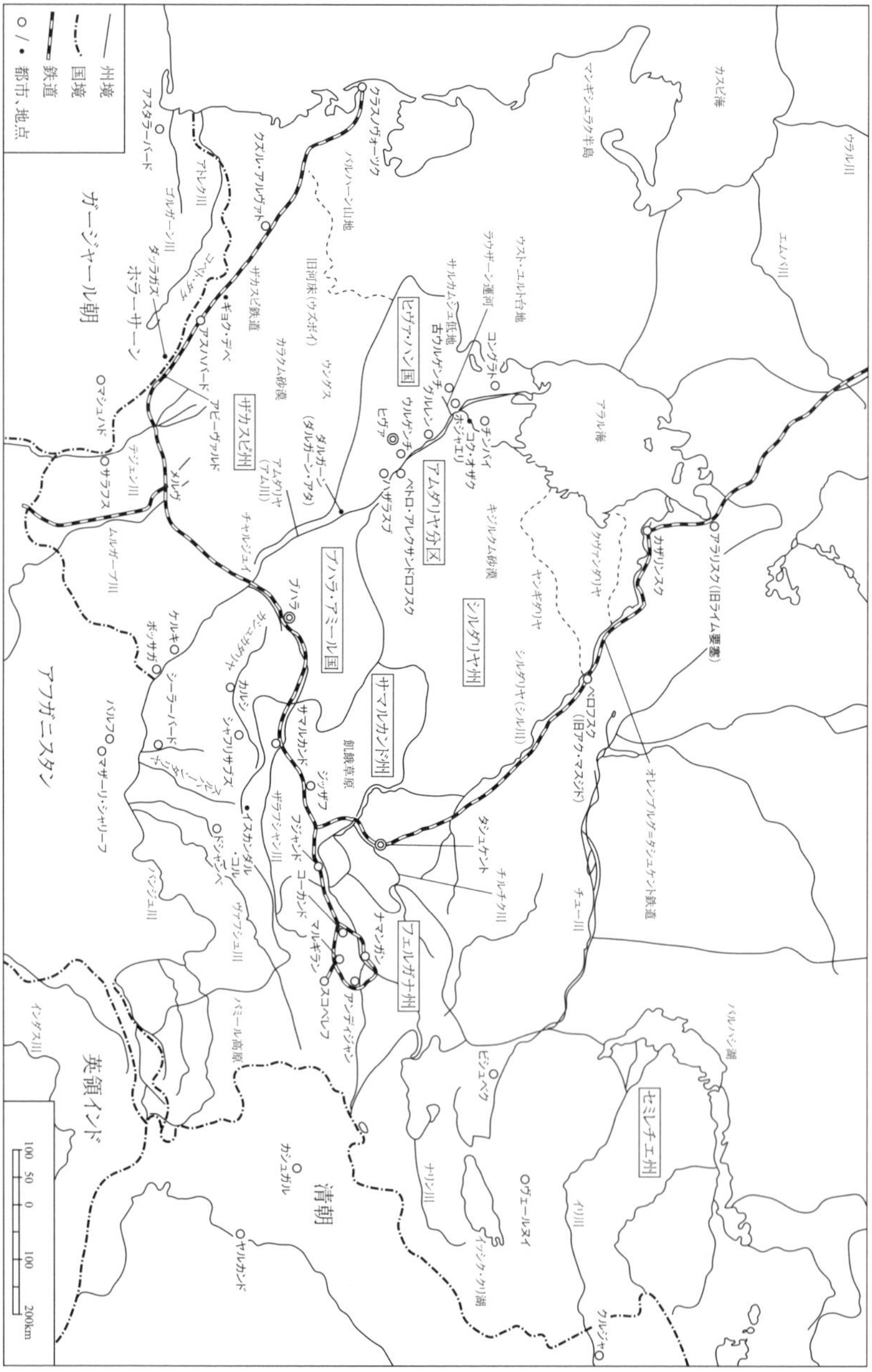

シア領トルキスタンと保護国（ブハラ、ヒヴァ）領内での灌漑目的の土地取得の請願が約五〇件寄せられたという。こうした農園設立者は、首都サンクト・ペテルブルグやモスクワの貴族、企業家、技師たちで、その灌漑計画の規模は二〇〇〇デシャチーナ[9]から八万デシャチーナまでと様々だった。そうした計画の対象地はフェルガナ、ザカスピ州（カラクム砂漠）、飢餓草原、ブハラ・アミール国南部、ヒヴァ・ハン国北西部に集中していた［塩谷 二〇一四：二二四、二三二］。

メフォディ・エルモラエフ（一八七二年生）は、アム川左岸（南西岸）の灌漑事業の技術計画作成を担った技師たちの一人だった。陸軍に勤務したのち、技術アカデミーを卒業した軍人であり、水利技師であったこの人物は、一九〇四年からザカスピ州で水利調査に従事し、一九〇七年アム川からテジェン流域に至る運河建設案を作成した［地田 二〇〇九：七］。このとき彼は、ロシア領トルキスタンにおいて最新の灌漑設備が導入されていたムルガーブ帝室荘園に勤務していた（一九〇六～〇八年）。彼は一九〇八年に『ザカスピ州東部五一万六〇〇〇デシャチーナの土地の灌漑を目的としたアムダリヤのメルヴ、テジェン両オアシスへの導水』と題する小著を刊行し、アム川の水をムルガーブ、テジェン両河川流域へと引いて、カラクム砂漠東部に巨大な灌漑地を創出する計画を立てた。そしてその小著の中で彼は以下のように主張している。アム川流域を含むアラル・サルカムシュ水域はかつて海であり、アム川はチャルジュイ上流あたりでその海に注いでいた。アム川は泥土を多く含むため、徐々にその河口部には砂が堆積し、砂洲を形成していった。海が縮小していくと、アム川の水はその砂洲からもとの海底へと、いくつもの支流を作って流れだした。その一つがケリフのウズボイと呼ばれる河床である、と［Ermolaev 1908: 8］。これに対し東洋学者バルトリドは、アム川ないしその支流とされたケリフのウズボイがムルガーブ川に注いでいたことはないと反論した。

一九一三年六月から一九一五年夏ごろにかけてエルモラエフは、サンクト・ペテルブルグ在住の貴族M・M・ア

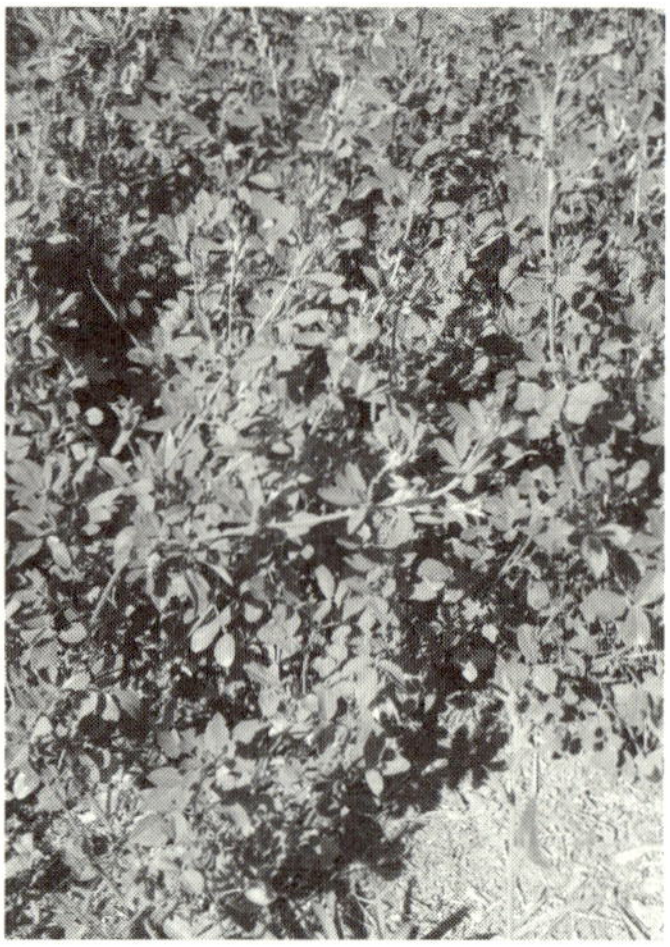

図6　20世紀初頭アメリカ大陸に盛んに輸出された牧草（アルファルファ）。筆者撮影。

図7　現在利用されている揚水機。筆者撮影。

ンドロニコフ、当時ロシア最大の銀行であった露亜銀行の頭取A・I・プチーロフとともに、ニコライ・コンスタンチノヴィチ大公が転流の即時実現を目指した灌漑工事を行い、その後新ラウザーン運河の建設が失敗に終わった場であるラウザーン運河一帯で計画された、綿花、アルファルファ、小麦の栽培を目的とした農園設立に参加した。彼は農園の技術計画書を作成し、この一帯の土壌の肥沃さ、当時建設が予定されていた鉄道（アレクサンドロフ・ガイ―チャルジュイ線）による農産物のロシア内地への移出の有望さを挙げている。また水路から耕地への導水については、ホラズム各地で利用されていた畜力を利用した揚水車輪（チュクル、「くみ上げる」の意、ロシア語ではチギリ）に代わり、当時先進的な灌漑設備の一つであった動力ポンプを導入する計画も立てていた（図6、図7）。このようにエルモラエフが加わった灌漑事業の目的は、当時ロシア領トルキスタンに新たな経済機会を求めた企業家たちの活動と同じく、綿花を主力商品としたプランテーション設立にあった。しかしこれらの灌漑事業が計画されたのは、アム川左岸（ホラズム、カラクム砂漠東部）、飢餓草原、フェルガナ州ナマンガン付近、ブハラ・アミール国領内（ザラフシャン川、スルハーンダリヤ、カシュカダリヤの諸流域）など、特定の地域に偏っていた。たとえばアム川下流域右岸（北東岸）での大規模灌漑事業は知られていない。後述する当時のロシア人軍政官ルィコシンは、アム川下流域右岸の灌漑地拡大を主張するとともに、プチーロフらの農園設立計画に反対した人物として知られる。また帝政期にこれらの灌漑事業はほとんど実現しなかった。多くの事業は、トルキスタンにおける企業家の灌漑事業の認可をめぐる帝国政府内部での意見の不一致や、第一次世界大戦の勃発による輸出・移出経路の確保の困難、資本の不足などから、調査段階で頓挫した。プチーロフらの農園設立計画も、一方では帝国政府の介入、他方ではラウザーン運河の水利用をめぐるトルクメンの一集団の抵抗によって消滅した［塩谷　二〇一四：一七七―二四七］。このように、ロシア帝国統治期のトルキスタンにおいて、大規模灌漑事業、綿花農園設立が企業家主導で行われる可能性はあったが、実現には至らず、ソ連期以降それらは国家の手に委ねられるのである。

4　ロシア帝国中央政府のトルキスタン開発計画

こうした企業家の動きに連動しつつ、一九〇〇年代後半から一九一〇年代初頭にかけてのロシア帝国中央政府内で、トルキスタンへのスラブ系移民の入植促進、トルキスタンの原綿供給地化を同時に達成しようとする、野心的だが実現手段には乏しい政策が形作られていった。日露戦争（一九〇四～一九〇五年）の敗北と国内の革命運動の高揚を目の当たりにし、動揺した帝政の立て直しを目指す首相ストルィピンを中心とした政府主導の改革が一九〇六年から始まった。このストルィピン改革の中心には農業改革が位置づけられ、具体的には農村共同体（ミール）を解体し、独立自営農民を育成することを目指した。この改革には、ロシア内地農村の過剰人口を移民としてロシア領トルキスタン、シベリアへと放出する計画も含まれていた。そして帝国の「辺境」と見なされたトルキスタンに、移民たちを主体としたロシア的要素を扶植し、ひいては彼らが独立自営農民としてこの地域における支配を強化する役割を担うことが期待された［西山　二〇〇二：一二九、一三二］。これらの政策の推進機関は、ストルィピン暗殺（一九一一年九月）後もその改革を継承しようとした、A・V・クリヴォシェイン総局長（在任一九〇八年五月～一九一五年一〇月）率いる土地整理農業総局であった。一九〇五年五月農業国有財産省の改組によって成立した同局は、土地改良局、移民局、異族人土地整理農業局、土地整理問題委員会、各郡・州の土地整理委員会を管轄下に置く、帝国規模での農業改革推進機関であった［塩谷　二〇一四：二二九―二二〇］。

この新組織は、ロシア領トルキスタンの開発をどのように進めようとしたのだろうか。まず、土地改良局が中心となり、アム、シルの二大河川流域を始め、セミレチエ、ザラフシャン川流域、飢餓草原での水利調査を開始した。アム川流域では、一九一〇年夏にケルキ、一九一二年末にヌクスに測流検査所が設置された。また一九一〇～一一年にかけてアム川沿岸のクズム・アヤク、チャルジュイ、ドゥルドゥルアトラガン、ヌクスの四地点に、一九一二～一三年にかけてはシーラーバード、スルハーン、カーフィルニガール、ヴォインの各河川に流量検査所が設置された。さらに一九一三年には交通省派遣の技師がアム川下流域と旧河床を主対象とした航行の可能性を探る調査を行った。そして一九一三年から一九一七年まで、ブハラ、ヒヴァ両国内を含むアム川流域では、土地改良局が組織した五つの調査隊が活動し、一〇〇人以上の技師、六〇〇人以上の労働者がこれに関わった。調査の内容は、水準測量、平板測定器と経緯儀を用いた測量、経路上の測量と気象測量、試験坑の掘削と土壌調査である。また一九一七年末までに水流検査所、測流検査所は約三〇まで増設された。さらに経済面での統計調査も並行して実施された。これらの調査にかかった費用は総額で一四一万三四〇〇ルーブルにのぼった［Tsinzerling 1924: 1, 24-39］。

こうした主要河川の水利調査を通じて、政府が各河川流域の総水資源量を把握し、その上で水資源を現地民、企業などに分配することを目指した。さらに一九一二年三～四月クリヴォシェインは自らトルキスタンを視察し、同年五月にはトルキスタンの新たな開発計画を明確に打ち出した。その計画とは、トルキスタンにおける灌漑事業の振興による新灌漑地の創出と、それらへのロシア人入植の推進、およびロシア人入植者に対する綿花栽培の奨励を組み合わせることで、当時の現地民の居住面積に匹敵する面積の土地に、ロシア人を中心としたスラブ系移民が居住する「新しいトルキスタン」をつくり上げようとする計画だった〔塩谷 二〇一四：二二〇〕。しかし、第一次世界大戦の勃発（一九一四年八月）やクリヴォシェインの失脚（一九一五年一〇月）、帝国政府がロシア領トルキスタンにおける企業家の大規模灌漑計画に十分な法整備を行い、彼らの利益を保障できなかったこと、さらに一九一三年から拡大したヒヴァ・ハン国領内でのトルクメンの反乱や、トルキスタン各地に広がった一九一六年反乱に見られる現地の政情不安などによって、この開発計画が帝政期に実現することはなかった。ここで確認しておきたいのは、クリヴォシェインもまた、アム川のカスピ海への転流は実現可能であり、それによって新たな灌漑地を獲得するという目標のもとに灌漑計画を立案していた点である〔塩谷 二〇一四：一六九〕。

四　ソ連期の開発の遺産と今に生きる転流構想

1　中央アジアにおける革命、内戦、ソ連体制の成立[10]

帝政末期に土地整理農業総局が主導したトルキスタン開発計画は実現しなかったが、アム川流域での水利調査は、ソ連期の開発計画につながる成果をもたらしたと言っていいだろう。まず、中央アジアにおけるロシア帝国の解体、内戦、そしてソ連体制の成立について簡単に見ていきたい。

第一次世界大戦の長期化にともない、首都ペトログラード（一九一五年までのサンクト・ペテルブルグ）で起きた労働者と兵士の反乱、それに続くニコライ二世（在位一八九四〜一九一七年）の退位の結果、ロシア帝国は解体した（ロシア二月革命）。その後樹立された臨時政府は、労働者兵士ソヴィエトとの二重権力状態に陥った。この間に勢力を拡大させたレーニン（生没一八七〇〜一九二四年）率いるボリシェヴィキは臨時政府を打倒し、ソヴィエト政権を樹立した（ロシア十月革命）。その後旧ロシア帝国領内では、ボリシェヴィキの赤軍と、旧体制を支持するないしボリシェヴィ

地図4　ソ連の連邦構造（1939年）（典拠　テリー・マーチン『アファーマティヴ・アクションの帝国――ソ連の民族とナショナリズム、1923年～1939年』明石書店、100頁）

キのソヴィエト政権に反対する「白軍」との内戦状態に陥った。ボリシェヴィキがロシア内地の支配を確立するのは、一九二〇年ごろとされている。そして一九二二年一二月には、ロシア連邦、ウクライナ、ベラルーシ、ザカフカス連邦の同盟により、ボリシェヴィキが主導するソヴィエト連邦（ソ連）が成立した。

中央アジア南部（トルキスタン）では十月革命後、タシュケントをはじめ各地にロシア人労働者、兵士らを中心としたソヴィエトが成立した。初期のソヴィエトは完全に現地ムスリムを排除していた。一九一八年四月タシュケント・ソヴィエトを主体としたトルキスタン自治共和国が成立して、ロシア連邦に加盟し、一九一九年モスクワからトルキスタン委員会が到着した後、中央アジアにおけるソヴィエト体制は徐々に確立されていった。一方でムスリム改革派知識人たちは、ロシア人やユダヤ人の代表の参加を受け入れながら、一九一七年一一月フェルガナで独自にトルキスタン自治政府の設立を宣言した。しかしタシュケント・ソヴィエトはこれを認めず、一九一八年二月自治政府を一方的に反革命と規定し、赤軍とアルメニア人部隊を利用して、武力で打倒した。また保護国であったブハラでは、アミールによる反動政治、赤軍による冒険的な軍事クーデタの試みがあり、ヒヴァでは短期間の立憲制施行の試みののち、ジュナイド・ハン率いるトルクメン・ヨムート族の反乱が続き、政情は安定しなかった。ムスリム改革派知識人を中心とした青年ヒヴァ人、青

図8　ソ連初期の民族領域形成のモデル

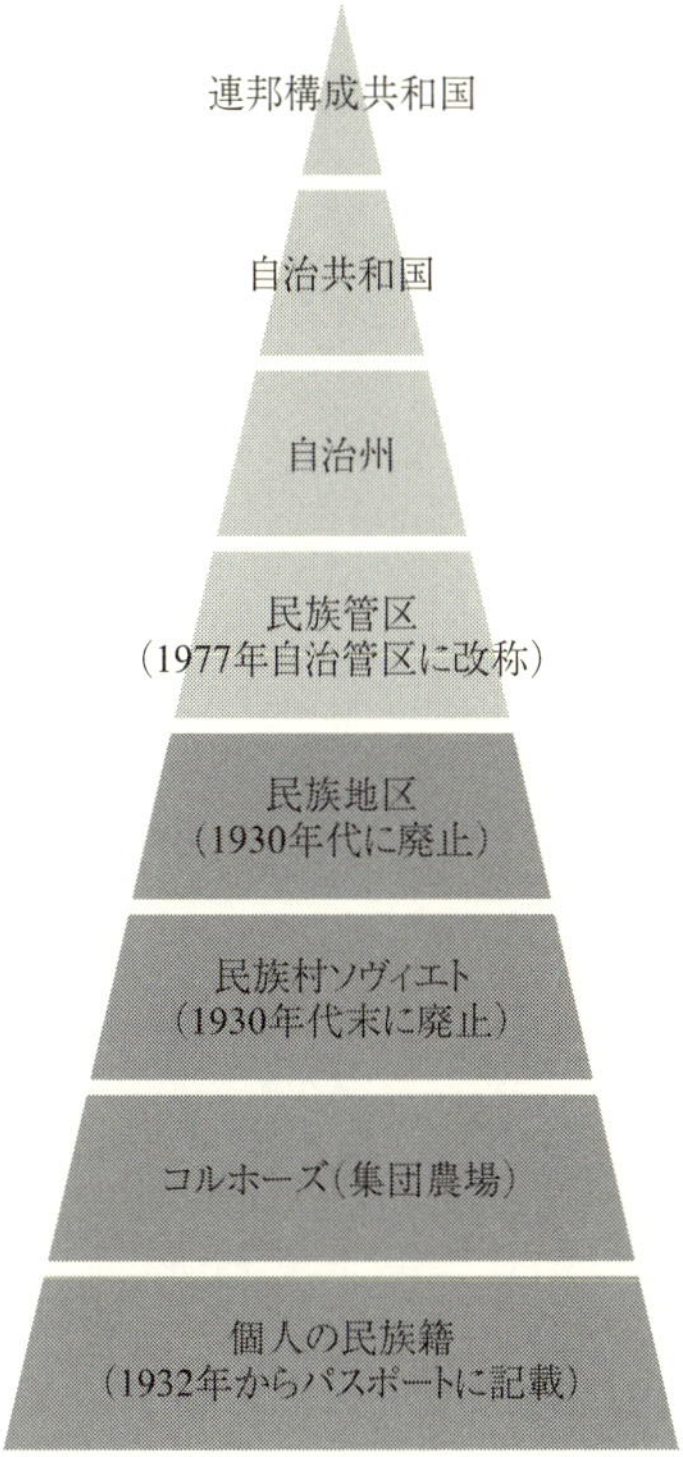

（典拠　テリー・マーチン『アファーマティヴ・アクションの帝国――ソ連の民族とナショナリズム、1923年～1939年』明石書店、の内容をもとに筆者が作成）

年ブハラ人が、赤軍の支援を得てそれぞれ一九二〇年二月ヒヴァ、同年九月ブハラで「人民革命」を起こし、相次いで人民ソヴィエト政権を樹立した。ヒヴァでの革命は、その後ボリシェヴィキないし赤軍が関与したブハラ、イラン（ギーラーン）など東方での諸革命の嚆矢として注目される。しかしヒヴァでは早くも一九二一年三月に赤軍のクーデタにより、パフラヴァーン・ニヤーズ・ユースポフ（生没一八六一～一九三六年）をはじめとする青年ヒヴァ人の中心メンバーが政権を追われたことなどから、こうした「革命」が結果として、ボリシェヴィキ政権の指令を受けた赤軍による旧ブハラ・アミール国領、旧ヒヴァ・ハン国領の征服に他ならなかったとする見方も強い。この時期から中央アジア全体でボリシェヴィキに抵抗するバスマチ運動が広がり、一部は一九三〇年代までソ連政府に対する抵抗を続けた。

バスマチ運動を武力によって抑えこむ一方で、トルキスタン自治共和国は、現地人エリートの協力、ときにはその主導性を認めながらソ連体制を確立させていった〔熊倉　二〇一四〕。一九二四年にはモスクワの指令により中央アジアにおける民族・共和国境界画定が始まり、トルキスタン自治共和国は解体され、ウズベク、トルクメン、タジク、クルグズ、カザフの五つの社会主義ソヴィエト共和国が一九三六年までに成立した。これらの五つの共和国の領域は、現在の中央アジアの五つの共和国の原型である。こうした民族共和国の成立は、モスクワによる中央アジアの分断統治の試みであった一方、民族自決の原則をソ連全土に適用し、連邦構成共和国から個人に至るまで民族で識別・把握し、各民族の一定程度の自治と、各民族の「発展段階」に応じた政策を実現しようとしたソ連初期の民族政策が貫徹された結果でもあったと言えよう。

2　ソ連体制下中央アジアにおける大規模灌漑事業(11)

少なくとも一九五〇年代までのソ連期中央アジアにおける土地水利事業および大規模灌漑開発計画は、モスクワ

地図 5　ロシア帝国期･ソ連期の中央アジアにおける領域の変遷（典拠　宇山智彦、樋渡雅人編『現代中央アジア』日本評論社、2018 年ほか）

●ロシア帝国統治期の中央アジア

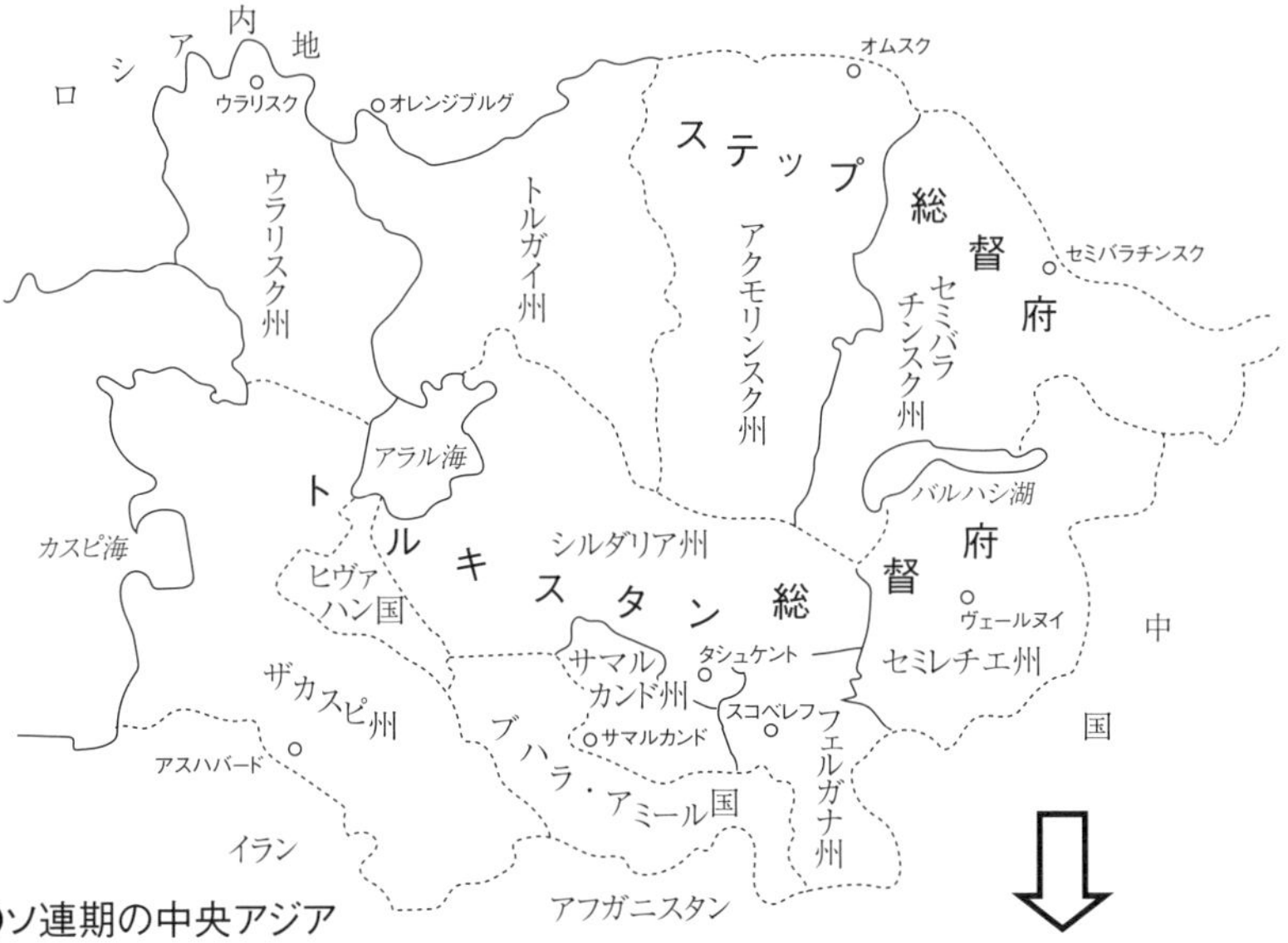

●ソ連期の中央アジア

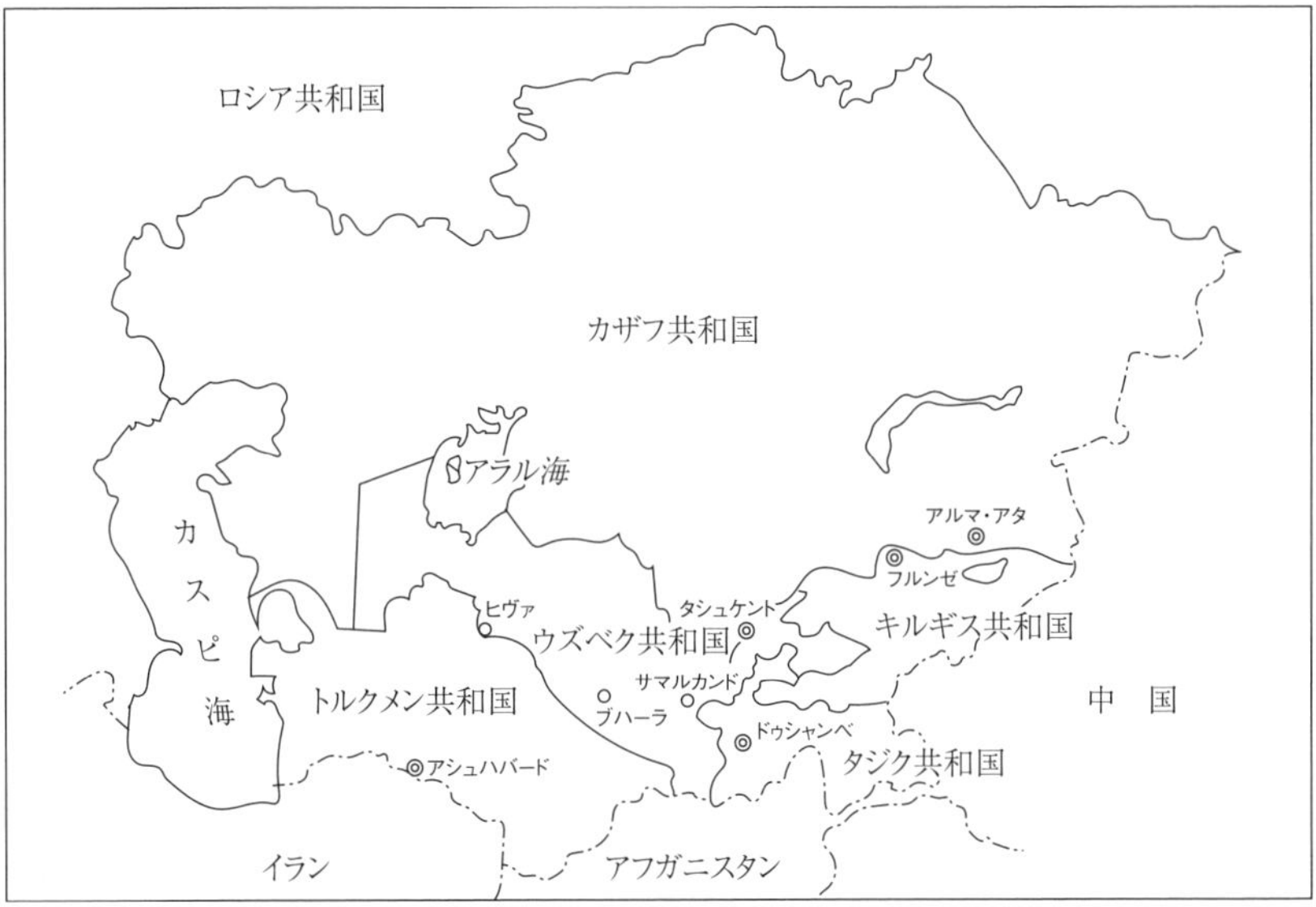

を頂点にした垂直型の統制経済のもとで行われた。まず一九二一年に、ロシア人移民とムスリム農民との土地所有の不平等をなくすことを目的とした第一次土地・水利改革が開始された。さらに民族・共和国境界画定が始まった直後の一九二五年秋から、土地、水資源、森林、地下資源の国有化原則のもとに、ムスリムの地主から土地、役畜、農具を没収して農民に分配する第二次土地・水利改革が行われた。国家買付機関による綿花などの農産物調達も並行して実施された。こうした改革を経て、農民の土地、農具、家畜等の生産手段を共同化した農業生産協同組合（コルホーズ、集団農場）を建設する、いわゆる農業集団化が本格化することになった。急進的な重工業化、都市人口の増大にともない、一九二八年にはソ連全土で穀物調達危機が起きた。これに対してソ連政府は、農民から強制的に穀物を供出させる、自由市場を閉鎖するなどの非常措置を実施した。この非常措置は常態化し、それに対応する手段として農業集団化に期待がかけられるようになった。一九二九年後半から集団化のテンポが速まり、中央アジア南部の農業地域、北部の畜産地域を含む全土での全面的集団化が始まった。

しかし、土地・水利改革から集団化に至るプロセスで見られた急進的な社会改造は、ソ連体制確立期の中央アジア社会に多くの犠牲を強いた。全面的集団化により、穀物調達量ははるかに多くなったが、穀物生産そのものは減少した。また上からの計画を遂行することが絶対視され、地方の条件は無視された。カザフ共和国のような畜産地域では、定住化と集団化がセットで実施された。その結果、飢饉と逃亡でカザフ共和国はその人口の実に四割前後（一四五〜一七五万人）を失うことになった。またフェルガナでは、バスマチ運動や穀物不足が続く中で綿花栽培の拡大が図られた結果、飢餓輸出状況が起きた［植田 二〇一六］。一九二〇年代後半にアムダリヤ・デルタで行われた灌漑事業についてのタイヒマンの研究によれば、一九二八年以降の農業集団化の本格化は、現地民に対する労働負担の増大のみならず、帝政期から現地社会の有力者との協力関係を不可欠とみなし、灌漑事業に従事してきたヨーロッパ系の水利技師たちの立場の悪化をもたらした。技師たちは、予算や灌漑用機械の不足と、過剰な目標達成への圧力や達成できなかった場合の処罰への恐れとの板挟みにあい、多くがヨーロッパ・ロシアへと退去せざるをえなくなった。こうして一九二〇年代末から一九三〇年代前半にかけてのアムダリヤ・デルタでは、現地民の武装抵抗やヨーロッパ系の技師の不足により、灌漑事業が停滞した［Teichmann 2013: 92-99］

こうした急進的な農業集団化ののちに、中央アジア南部では新たな灌漑地を創出すべく大規模灌漑事業が実施されるようになった。中央アジアの五つの社会主義共和国のうち、カザフ共和国はおもに小麦、ウズベク、トルクメン両共和国はおもに原綿の生産国としての役割を担うことになった。急速な農業分野の拡大には、大規模灌漑事業が必要だった。大フェルガナ運河（一九三九年完成）、そして以下に述べていくアム川流域でのトルクメン幹線（主要トルクメン）運河（一九五三年建設開始、同年中に建設中止）、カラクム運河（一九五九年開通、その後延伸）はその代表例である。アム川とシル川の流水が新たに開拓された灌漑地の農業用水として利用された。両河川流域の灌漑地面積は一九五〇年代で四〇〇万ヘクタール、一九七〇年代で五〇〇万ヘクタール、一九八〇年代で六〇〇万ヘクタールへと拡大していった。これらの灌漑地では、綿花と水稲の単作が中心であった。そして、ソ連領での原綿生産は、帝政末期（一九一三年）の七四万トンから第一次五か年計画期（一九二八～一九三三年）に二五一万トン、一九八〇年には九一〇万トンへと増加した。帝政末期のロシアは原綿の半分をアメリカ合衆国からの輸入に依存していたが、一九三二年にソ連は早くもその自給を達成した。そしてソ連の原綿生産の九割以上は中央アジアで生産され、ウズベク共和国のみで六割余りを占めるに至った。

3　カラクム運河とトルクメン幹線運河

それでは、帝政末期に土地整理農業総局が主導して行ったアム川流域での水利調査と、ソ連期の同流域での大規模灌漑事業との関係はどうなっていたのだろうか。ソ連期のアム川流域における大規模灌漑事業は、アム川下流域

（ウズベク共和国ホラズム州、カラカルパク自治共和国およびトルクメン共和国ダシュオグズ州）と中流域（ケリフのウズボイがあったとされた地域一帯）のおもに二つの地域で行われた。以下は地田徹朗、Ｅ・ブラヴィロヴァの研究に拠りながら、その詳細を見ていきたい。まずアム川中流域の事業について見ていこう。

帝政末期に土地改良局が組織したアム川流域の調査隊に参加していた水利技師Ｆ・Ｐ・モルグネンコフ（生没一八八〇〜一九三九年）は、一九一五年にアム川からサルカムシュ低地に導水し、さらにウズボイとされる河床跡に沿って南下して、途中からクズル・アルヴァト付近に方向を変え、さらにカスピ海岸およびザカスピ州西南部のアトレク川流域にまで運河を伸ばすという案を公表した。さらに一九二〇年代後半に彼は、アム川からケリフのウズボイを経てアシュガバードへと向かう運河建設案を新たに提案した。後者の提案にもとづき、一九二五年アム川中流域左岸のボッサガからケルキに至る約一〇〇キロのボッサガ＝ケルキ運河が着工、一九二九年に完成した。また一九二九年から一九三二年にかけて、帝政末期にエルモラエフが注目していたケリフのウズボイへの導水の試みも行われた。一九四〇年ソ連政府は、原綿生産拡大とトルクメン遊牧民の定住化を目的として、再びケリフのウズボイへの導水を試み、さらにその結果次第でアム川からムルガーブ、テジェン両河川流域までそれを延伸させることを決定した。その結果、一九四四年にはアム川からムルガーブ、テジェン両河川流域へと導水するカラクム運河の建設開始が決定された。この建設事業は、戦時の中断やトルクメン幹線運河建設優先への政策転換を経て、一九五四年に再開され、一九六〇年にテジェン流域まで完成した［地田　二〇〇九：九―一四、Pravilova 2009: 284］。その後もカラクム運河はコペト・ダグ北麓に沿ってカスピ海東岸に向かって延伸されていった。

次にアム川下流域での事業を見てみたい。モルグネンコフと同じく、帝政末期のアム川流域の調査隊に参加し、さらにアム川右岸の調査支隊を指揮したＶ・Ｖ・ツィンゼルリング（生没一八八四〜一九五四年）は、アム川下流域からサルカムシュ低地を経由してカスピ海に至る灌漑水路建設を提案した。この案は、一九三二年ソ連政府内で承認を得たという。その後この案に加えていくつかの経路案が出され、最終的にはアム川から旧河床の一部と見なされていた河床跡をたどりつつも、途中から人工運河によってサルカムシュ低地を迂回し、ウズボイを経由してカスピ海岸へと導水するスレドアズボド（中央アジア水利）計画案（一九四六年）をもとに、一九五三年二月からトルクメン幹線運河の建設が始まった。この計画では、第一段階で毎秒一七八立方メートルと比較的少量をアム川から取水して試験的にカスピ海へと導水し、その後第二段階で灌漑、ウズボイでの水力発電所建設、船舶航行の確保といった多目的な運河建設が構想された。これにより一三〇万ヘクタールの農地、七〇〇万ヘクタールの牧草地が生まれると試算された。しかし、労働者に加え、約一万人あまりの囚人まで動員したこの工事は、一九五三年内には中止に追い込まれた。その背景には、この計画が「自然改造計画」や「偉大なる共産主義の建設事業」といった戦後スターリン期の国是としてのイデオロギーに裏打ちされたユートピア的な、技術的裏づけのない計画であったこと、そしてスターリンの死（一九五三年三月）があったと考えられている。またこの建設計画は、帝政期にアラル海・カスピ海間のアムダリヤ旧河床調査隊の総隊長を務めたグルホフスコイが提案した、サルカムシュ低地を迂回してウズボイを経てカスピ海へと至るアム川の転流案に近い［地田　二〇〇九：二四―二五、Pravilova 2009: 284-285］。さらにその取水口は、ホラズム中部のタヒヤタシュに設定されたが、そこには現在ホラズム・オアシスのトルクメニスタン領内へとアム川の水を引くハン・ヤプ運河の取水口がある。そしてそれは、帝政期までアム川のカスピ海への転流事業の始点と見なされていたラウザーン運河の取水口のすぐ下流に位置している。これらの点からも、帝政期からソ連期にかけてのアム川流域での大規模灌漑事業の継続性を見ることができる。

4　アム川右岸の開発可能性

このように、ソ連期のアム川流域の大規模灌漑事業は、帝政期の大規模灌漑計画との連続性、さらにはそれにさかのぼる時期からのアム川のカスピ海への転流構想の影響を受けていた。そしていずれも、アム川左岸の過大な灌漑地拡大を見込んだ。こうした諸計画に対して、帝政期からソ連期にかけて異を唱える人々もいた。帝政期のロシア領トルキスタンに勤務した軍政官の中でも現地通で知られ、一九一二～一四年にはトルキスタン総督府管轄下のアムダリヤ分区の長官を務めたルィコシン（生没一八六七～一九二三年）は、先に述べたプチーロフらのヒヴァ・ハン国領内での農園設立計画（第三節第3項参照）に反対しつつ、同時にアム川左岸と右岸の灌漑計画について以下のように述べている。

ヒヴァ・ハン国の灌漑の問題点は、アム川両岸にとっても共通のものである。砂漠に建設された大運河（ヤプ）の貯水池は、きわめて不適切な設備であり、灌漑の一シーズンでの灌漑さえも保障できない。貯水池を補修・維持し、運河に堆積した泥土を取り除くために巨額の支出を要している。私の考えでは、大資本を一度に投下し、ヨーロッパの技術を適用するしかこれらの解決方法はない。測流調査が必要であり、それはすでに今年〔土地改良局が派遣した〕グルジェゴルジェフスキー技師の調査隊が、灌漑目的で利用可能なアム川の余剰水量を確定させる作業に着手している。それから〔アム〕川の石がちな河岸を持つ狭い地点（ドゥルドゥルアトラガンかピトナク）を堰堤でせき止め、そこから幹線運河を〔アム川〕両岸に向けて建設し、さらにこれらの幹線運河を小規模な水路へと分水し、現在運河にある貯水池をすべて減らし、それら〔貯水池〕をアム川右岸、左岸の二つの幹線運河から分岐した〔水路〕に代える。移り気で変化しやすい〔アム〕川の両岸のこうした大規模な灌漑組織の改造によってのみ、アムダリヤ・オアシスの灌漑経済の問題点を解消できる［Lykoshin: 75ob.-76］。

彼はこのように、左岸で計画されがちな大規模灌漑事業を、左右両岸で行うことを提案した。こうした提案は、後述するソ連期のトゥヤムユン貯水池建設で一部実現することになる。

ルィコシンと知己であった東洋学者バルトリドもまた、アム川の転流計画および左岸での過度な灌漑地拡大に警鐘を鳴らした人物の一人だった。バルトリドは、先述したように一三〜一六世紀の間アム川がカスピ海へと流れていたことがある事実を、文献史料をもとに明らかにした。しかし同時に彼は、アムダリヤ分区領内に相当するアム川右岸の地域で、過去に大規模な灌漑が行われていた事実を考慮せず、アム川左岸の古ウルゲンチ以西に灌漑地を拡大しようとする諸計画を、アム川の歴史に対する無知に起因したものであると批判した。

実際には、古ウルゲンチよりも下流の地域がホラズム社会において大きな意味を持ったことは決してなかった。アム川の流れがサルカムシュまで達し、そこからウズボイに流れこんでいた時も例外ではなかった［バルトリド　二〇一一：七七―七八］。

バルトリドは文献史料を渉猟し、たとえアム川がカスピ海に流れていたとしても、サルカムシュ低地やウズボイの沿岸に灌漑地が広がっていたとする考えを否定した。帝政末期、折しも土地改良局主導の水利調査が進む中、ヒヴァ・ハン国領内の調査隊長を務めていた人物は、バルトリドに書簡を送って調査への参加を求めた。

貴殿が土地改良局の委託により取り組まれている、古代のウズボイ（ダリヤルク）の発展と重要性に関して争点となっている問題について、大変貴重な資料をもたらすでしょう［Perepiska: 107-107ob.］。

この人物は、バルトリドが旧河床とされている河床跡を実見すれば、その見解が変わるだろうと期待していたようだ。バルトリドもこの調査に参加を表明した。しかしその後も旧河床の位置は確定されることなく、さらにハンガリー国内での騒擾の拡大を理由に、一九一五年四月バルトリドの調査への招聘も中止になった〔Perepiska: 111〕。

バルトリドからも一目置かれた東洋学者であり、ロシア革命後にはバシュコルト民族運動の指導者でもあったゼキ・ヴェリディ・トガン〔生没一八九〇～一九七〇年〕も、転流計画に懐疑的な人物であった。彼はボリシェヴィキと決裂したのちバスマチ運動に身を投じ、一九二二年アフガニスタンを経由してトルコに亡命した。その後は研究面において新生トルコ共和国におけるトルコ学の基盤づくりに貢献するとともに、同時代のソ連政府の中央アジアにおける政策に対する批判を続けた。一九二七年彼は、ソ連領内で刊行されていた雑誌に掲載された飢餓草原やアム川の転流などの灌漑計画に関する複数の記事に対して、そうした計画が、ロシア人植民地主義者の視点にもとづく開発構想であり、中央アジア現地には現地なりの開発の必要があると指摘したうえで、以下のような開発計画を提案している。

一、灌漑問題において、ミールザー・チョル〔飢餓草原〕に資本を費やさず、またウズボイやエンギュズ〔ウングズ、カラクム砂漠北部にある低地〕の再生という幻想にも取り組まず、シル川流域とヤンギダリヤ、クヴァンダリヤの流域を開発する。ザラフシャン〔川〕により、トゥヤ・タタールを再生する。二、鉄道建設政策において、オルスク〔オレンブルグの東約三〇〇キロメートルにある都市〕―セミパラチンスク線、アレクサンドロフ・ガイ〔サラトフの南東約二五〇キロメートルにある都市〕―チャルジュイ線のかわりに、ペロフスク〔現在のウズル・オルダ市〕―チンバイ―ウルゲンチ線を敷設し、アルス―セメイ線を延伸させる。(12) ロシア人のトルキスタンでの〔現在の〕灌漑改善の目的は、ただ引き続き送り込んだロシア人移民に土地を準備し、綿花栽培に適した土地を確保し、そこにロシア人移民を入植させて、綿花栽培は現地トルキスタン人農民の努力に押しつけようというものである(13)［Validi 1927: 16］。

シベリア方面から引いた運河を、シル、アム両河川の中下流域を東西に結ぶべき運河に連結させようとするこのトガンの構想は、フルシチョフ期（一九五三～一九六四年）にソ連政府内でも検討されたシベリア河川転流計画との類似も指摘できる。だがここでトガンが主張したかったのは、中央アジア南部の運河と鉄道建設計画を、ロシア内地と中央アジアを南北に結ぶのではなく、またカラクム砂漠や飢餓草原といったロシア帝国の支配が始まってから開発の対象となった地域に集中させるのではなく、シベリア、セミレチエ、シル・アム両河川流域を結ぶ、歴史的にも灌漑地が広がっていたことがある地域を対象としたものにすべきということである。また、トガンはタタール人の中央アジアへの移住を促すことで、ロシア人に対するテュルク系住民人口の比重を高めるよう主張している［小野 二〇一五：二〇〇］。さらに重要な点として、トガンはアム川のカスピ海への転流計画を含むソ連期の灌漑開発政策を、帝政末期の飢餓草原やアム川左岸での大規模灌漑事業計画、オルスク―セミパラチンスク線、アレクサンドロフ・ガイ―チャルジュイ線に代表される鉄道建設計画の延長線上に位置づけ、さらにそうした政策を、土地整理農業総局が打ち出した「灌漑＋植民＋綿花＝新しいトルキスタン」に重ね合わせて批判している。その批判の当否は今後さらに検討すべき課題であるが、アム川のカスピ海への転流構想はまさに、先述のツィンゼルリングやモルグネンコフの議論の継承も含めて見れば、帝政末期からソ連期の一九五〇年代にかけてのロシア人主導の中央アジアにおける開発政策の連続性を物語っている。

5　トゥヤムユン貯水池

アム川は泥土を多く含む水質であるため、堆積により河床変動を起こしやすい。また年ごとの流水量の変動幅も大きい。またホラズム・オアシスは高低差のほとんどない平坦な土地に位置していた。それゆえ洪水が起きると、その被害は広範囲にわたった。一九五〇年代に『ホラズム灌漑史』を著した東洋学者Y・グラーモフによれば、ホラズムの上流部では、洪水時に川幅が三～五キロメートルに広がり、水位は〇・六～一・六メートル高くなり、広範囲を冠水させた［G'ulomov 1959: 30］。筆者がウズベキスタン共和国ホラズム州で行った聞き取りによると、複数のインフォーマントが一九六九年に起きた大洪水について語っている（図8）。一九七〇年から水利技師として勤務し、ソ連期から独立後にかけてたびたびホラズム州の水利部門の要職を務めたA氏は、そのときのことを次のように語っている。

その冬は寒さが厳しく、〔河水は〕凍結しました。冬の間氷塊が堆積した結果、水流が変わって右岸のビールーニー地区の中心部を冠水させました。〔そこを人々は〕シャッバーズ〔シャー・アッバース〕と呼んでいました。ただオランダ製のペチカだけが残りました。洪水の後家々は流されてしまい、ペチカだけが残ったというわけです。この年〔一九六九年〕、こうした災害を防ぐために、トゥヤムユン貯水池の建設が始まりました［二〇一八年一〇月二七日筆者が行った聞き取り調査による］。

このように、冬の寒さが厳しくアム川に厚い氷が張ると、その年には洪水が起きやすかったという。洪水対策として、カチと呼ばれる堤防が沿岸に築かれたが、それを越えてしまうと、洪水の被害が広がったのである。

こうした洪水対策の一環として建設されたのが、トゥヤムユン貯水池であった。トゥヤムユンは、ホラズム・オアシスを流れるアム川の最上流部に位置し、最も川幅が狭くなっている地点である。トゥヤムユン貯水池の建設計画は、一九六五年三月ソ連政府の決定により始まった。四億ルーブルの経費を投じ、アム川の本流を完全にせき止め、七二〇万立方メートルの水を収容できる貯水池建設構想だった。その最大の目的は、アム川の流水量を調節可能にし、洪水や渇水を防ぐことだった。一九八四年に、のべ一万人以上の労働力を投入した工事が終わり、一九八七年には貯水量が予定されていた量を越えた（七八〇万立方メートル）[Khudaykulova 2017]。またトゥヤムユン貯水池から右岸、左岸にそれぞれ幹線運河が建設された。これは先述したルィコシンの計画の一部が具体化されたことも意味している。

　こうした貯水池の建設は、アム川のアラル海への流入量の減少をもたらし、しばしばアラル海問題の直接の原因の一つとされている。しかし筆者の聞き取りでは、この建設事業に対する批判的な意見は聞かれなかった。再びA氏によれば、トゥヤムユン貯水池の工事が続いていた一九七九年にも大規模な洪水が起き、二か月間水が引くことはなかった。しかし貯水池が完成して以降、そうした洪水や渇水は起きなくなったという。さらに複数の話者は、この建設事業を、ホラズムの人々が主体的に参加した大規模灌漑事業として、高く評価していた。

　とはいえ、この貯水池建設もまた、転流構想とは無縁でいられない。一九九一年ソ連が解体し、中央アジアでは五つの共和国がそれぞれ独立を果たした。そのことは同時に、もはやアム川の水資源利用は、モスクワが決定するのではなく、流域諸国間の交渉によって決定されることになった、つまりアム川が国際河川化したことを意味する。アラル海流域を中心に、水資源の利用をめぐる中央アジア諸国間の利害調整のために、一九九二年水管理調整国際委員会が設立された。しかし、設立の当初から各国への水使用量の割当が守られていないという批判がある。

図9　インタビュー風景。筆者撮影。

図10　現在のアラル海＝カスピ海間（Google Map を一部加工）

トゥヤムユン貯水池もまた、ソ連解体と同時にウズベキスタン、トルクメニスタン両共和国の管理下に置かれることになった。筆者の聞き取り調査の過程で、A氏を含む話者たちは、両国間での水使用量の割当が遵守されていないのではないか、と懸念していた。とくに、トゥヤムユン貯水池からホラズム・オアシスの南東境を通り、北西方向に伸びた水路が話題に上った。この水路はもともと、ホラズム・オアシス内をカラクム砂漠の方向へと流れて、排水池を形成していたアム川の水を集水し、サルカムシュ低地方面に流す排水路として整備された。衛星画像を参照すると、私たちは干上がったアラル海と対照的な、青々としたサルカムシュ低地を満たす湖を見ることができる（図9）。さらにその南西方向、サルカムシュ湖からカスピ海にいたるウズボイが存在したと考えられていた場所に、もう一つの湖「黄金の世紀湖」も見ることができる。おそらく一三〜一六世紀に一時的にせよ起きていたであろうアム川からカスピ海への転流は、五〇〇年以上の時を経て、再び起こっていると言える。それは自然現象というよりは、長いアム川の人為的なカスピ海への長期にわたる転流構想が生み出した現象かもしれない。

五　おわりに

アム川をアラル海ではなくカスピ海に向けようとする転流構想は、従来西欧とロシアのアジア（とりわけインド）への新たな通商路開拓計画と、インドに源を発する大河川がカスピ海に注いでいるという未確認の情報に起源を持っていた。一八世紀初頭、ロシアのピョートル一世は、ロシアとインドを結ぶ通商路を開拓するという夢を、ヒヴァ人がアム川の流れを人工的に変えているために、本来流れるべきカスピ海に流れていないという考えと結びつけた。しかし一九世紀後半に至るまで、アム川とカスピ海に挟まれた地域は、ロシア人にとっては未知の土地であった。

一八七三年ロシアのヒヴァ遠征に前後して、転流構想の実現に向けた具体的な調査が始まった。それは、アム川がカスピ海に注いでいたときの河床である「旧河床」を発見することだった。そうした調査は一八六九年から連年行われた。これらの活動はピョートルの遺志として正当化された。中には転流の即時実現を唱え行動するニコライ・コンスタンチノヴィチ大公のような人物も現れた。当時旧河床復興の主目的は、依然としてロシアとインドを結ぶ通商路の開拓だった。しかし一八九〇年代になると、スラブ系移民の入植やトルクメンなどの遊牧民の定住化を目的とした灌漑地の拡大が、旧河床復興の目的に付け加えられた。さらに一九〇〇年代後半にフェルガナ、飢餓草原、カラクム砂漠などを対象地として企業主体の大規模灌漑事業による綿花プランテーション設立ブームが起きると、アム川下流域左岸やカラクム砂漠東部はそれらの有望な対象地域と見なされるようになった。一九〇六年から始まったストルィピン改革のもとで、一九一〇年代に入るとロシア帝国政府も、灌漑地の拡大と入植、綿花栽培の促進を結びつけた政策を採り、こうした動きを後押しするかに見えた。ただし、政府は企業の投資を歓迎する一方、規制も強め、結果としてロシア革命（一九一七年）までに軌道に乗った企業家主導の綿花プランテーションはなかった。このように転流構想は、その第一義を通商路の開拓から新灌漑地の獲得、そして入植地や綿花栽培地の拡大へと変えながらも、様々な大規模灌漑事業の底流に存在し続けた。

一九二二年に成立したソ連は、領土的には旧ロシア帝国領を回収しつつ、同時に中央アジアにおいては民族自決と脱植民地化を掲げながら社会主義的近代化を目指す新たな国家建設を行った。ただし、ソ連領中央アジア、とくにアム川流域の大規模灌漑事業（カラクム運河、トルクメン幹線運河など）の展開を見ていくと、そこには帝政末期土地整理農業総局が推進した水利調査や大規模灌漑計画の成果が活かされると同時に、依然として古くからのアム川からカスピ海への転流構想が生き続けていたことが分かる。その一方で、帝政末期からソ連初期にかけて、ルィコシン、バルトリド、トガンといった転流に懐疑的な意見を述べたり、アム川左岸（南西岸）ではなく、右岸（北東岸）の灌漑計画の重要性を述べたりした人物も現れたが、そうした意見は少数派であった。

転流という発想自体は荒唐無稽なものではない。実際に一三～一六世紀の間、アム川の流水は一部であれ、一時的であれ、カスピ海に到達していたのは事実であろう。しかし、灌漑の必要性や現地社会への負担、自然環境への負荷などアム川左岸での大規模灌漑事業にともなうであろう懸念を払しょくし、問題点をかき消すための修辞として、転流構想の実現という言葉が用いられてきたのも事実である。そしてその発想の歴史性（長く人々の間に記憶されてきたこと）こそが、アラル海消滅の危機を招いた環境問題の一因なのだ。

注

（1）アラル海流域とは、おもにアム川、シル川、ザラフシャン川流域を指す。なおアム川、シル川は、ヨーロッパではオクサス、ヤクサルテス、ムスリム世界ではジャイフーン、サイフーンの名でもそれぞれ知られていた。

（2）一ファルサフは約九キロメートル、一ガズは約五二～一一二センチメートルが標準であるが、地域、時代によりその長さは異なる。

（3）同書のタイトルは『地理』として知られるが、ハーフィズ・アブルー自身がつけた書名は『歴史 Tārīkh』である［大塚二〇一五：六九］。

（4）別の個所でハーフィズ・アブルーは、現在がヒジュラ暦八二〇年、つまり西暦一四一七／一八年を指すと述べている［Ḥāfiẓ Abrū 1997: 135-136］。

（5）ハーストのミナレットは現在のウズベキスタン共和国ホラズム州グルレン市の北方、カラ・アイグル・トガイはダルガーン・アタの北方約二〇キロメートル、トク・カラ跡はヌクス市の北西約一〇キロメートルにあったとされる［Bregel 1999: 555, 634］。

（6）おそらくこの場合、サファヴィー朝の君主スルターン・フサイン（在位一六九四～一七二二年）の子タフマースプ王子（のちにシャーに即位、在位一七二九～三二年）を指すと思われる。

（7）ロシアの研究者たちは、西欧の学界におけるカスピ海周辺の地理的知識の増大に対するピョートルの貢献を過大視する傾向にある。たとえば、それまでピョートルの貢献に帰されていたカスピ海周辺の地図のうち、その西岸（カフカース）の地図に関しては、当時グルジアのカルトリ王国からロシアに亡命していたヴァフシュティ王子（生没一六九六～一七五七年）の作成した地図の写しが、サンクト・ペテルブルグを訪れたドリルとその弟の手に渡り、西欧の学界に伝えられたとする説もある［Mat'ureli 1990: 124］。

（8）一プードは一六・三八キログラムに相当する。

（9）一デシャチーナは約一万九〇〇平方メートルに相当する。

（10）ソヴィエトは、元来革命時に労働者・農民・兵士によって自発的に形成された評議会を指す。十月革命後ボリシェヴィキがそれらを代表する国家機関としてのソヴィエトを構築していった。本節の記述は、おもに小松ほか編［二〇〇五］所収の記事（宇山智彦「ロシア革命」、帯谷知可、宇山智彦「ロシア革命——中央アジアの革命」、小松久男「トルキスタン自治政府」）に拠っている。

（11）本節の記述は、おもに小松ほか編［二〇〇五］所収の記事（石田紀郎「アラル海問題」、木村英亮「土地・水利改革」、同「綿作モノカルチャー」、野部公一「農業——旧ソ連の農業集団化」）に拠っている。

（12）シル川中流域右岸にあったオアシス都市オトラルにあたる地。一二一八年チンギス・ハンが派遣した隊商の一団が、この地で殺害された事件を契機に、モンゴル軍の西征が始まったことで知られる。

（13）本史料については、小野亮介氏にご教示を賜った。ここに記して謝意を表したい。

参考文献

〈未公刊〉

[Lykoshin, N. S.]
"Perepiska s tekhnikami Otdela zemel'nykh uluchshenii i s drugimi uchrezhdeniiami o khode rabot i o lichnom sostave, 1910-1916gg.," Rossiiskii gosudarstvennyi istoricheskii arkhiv, f. 432, op. 1, d. 856.

"Zakliuchenie Nachal'nika Amu-dar'inskogo otdela, Polkovnika Lykoshina po povodu stat'i "Ne pora-li Khivu sdelat' gubernei?" v no. 137-m gazety "Utro Rossii" za 1912 god," Tsentral'nyi gosudarstvennyi arkhiv Respubliki Uzbekistan, f. 2, op. 1, d. 314, ll. 72-79ob.

[Romanov, Nikolai Konstantinovich]

"Povorot Amu-Dar'i v Uzboi," Otdel rukopisei, Rossiiskaia natsional'naia biblioteka, f. 73, op. 1, d. 427.

〈公刊〉

植田暁

二〇一六「フェルガナ地方における綿花栽培の復興一九一七～一九二九年」『社会経済史学』八二―（二）、二一九―二四〇頁。

宇山智彦

二〇〇〇『中央アジアの歴史と現在』東洋書店。

大塚修

二〇一五「ハーフィズ・アブルーの歴史編纂事業再考――『改訂版集史』を中心に」『東洋文化研究所紀要』一六八、三三一―七六頁。

小野亮介

二〇一五「『新トルキスタン』誌におけるゼキ・ヴェリディ・トガンの文化観とその背景」『史学』八四―（一―四）、一八一―二〇九頁。

熊倉潤

二〇一四「民族自決と連邦制――ソ連中央アジア地域の国家建設（一九二三―一九二四年）」『ロシア史研究』九四、三―二一頁。

小松久男編

二〇〇〇『中央ユーラシア史』山川出版社。

小松久男ほか編

二〇〇五『中央ユーラシアを知る事典』平凡社。

佐口透

一九六六『ロシアとアジア草原』吉川弘文館。

塩谷哲史

二〇一四 『中央アジア灌漑史序説――ラウザーン運河とヒヴァ・ハン国の興亡』風響社。
二〇一六 「ニコライ・コンスタンチノヴィチ大公のアムダリヤ転流計画――英露関係とトルクメン問題の文脈から」『内陸アジア史研究』三一、七三―九二頁。
ダダバエフ、ティムール
二〇一八 「帝政ロシアのアム川転流計画」帯谷知可編著『ウズベキスタンを知るための六〇章』明石書店、四七―五〇頁。
地田徹朗
二〇〇八 「中央アジア地域における水管理政策と諸国間関係――現状、課題と展望」『筑波大学地域研究』二九、二三―四〇頁。
二〇〇九 「戦後スターリン期トルクメニスタンにおける運河建設計画とアラル海問題」『スラヴ研究』五六、一―三六頁。
土肥恒之
二〇一三 『ピョートル大帝――西欧に憑かれたツァーリ』山川出版社。
峠嘉哉
二〇一五 「流域開発や気候変動の影響を考慮した陸域水循環モデルの構築――中央アジア域を対象として」京都大学大学院工学研究科提出博士論文。
西山克典
二〇〇二 『ロシア革命と東方辺境地域』北海道大学図書刊行会。
バルトリド、ウェ著、外務省調査部訳
一九三七 『欧州殊に露西亜に於ける東洋研究史』外務省調査部。
バルトリド、V・V著、小松久男監訳
二〇一一 『トルキスタン文化史』全二巻、平凡社。
ボロフカ、ニコラス著、窪田順平訳
二〇一二 「アラル海の歴史――考古学から見た気候と湖水位の変遷」奈良間千之編『中央ユーラシア環境史 第一巻 環境変動と人間』臨川書店、二〇九―二三九頁。
[ʿAbū al-Ghāzī Bahādur Khān]
1970 *Shajara-yi Türk*, P. I. Desmaisons (ed.), *Histoire des Mongols et des Tatares*, P. I. Desmaisons (ed.), St. Leonards: Ad Orientem.
Al-ʿUmarī, Ibn Fażl Allāh

1884 *Masālik al-abṣār fī mamālik al-amṣār,* V. Tizengauzen (ed.), *Sbornik materialov, otnosiashchikhsia k istorii Zolotoi ordy,* vol. 1, *Izvlecheniia iz sochinenii arabskikh,* Saint Petersburg: Tipografiia Imperatorskoi Akademii nauk, pp. 207-251.

[Bakikhanov, A. K.]

1993 *A. K. Bakikhanov: Sochineniia, zapiski, pis'ma,* E. M. Akhmedov (ed.), Baku: Elm.

Bartol'd, V. V.

1965 "Svedeniia ob Aral'skom more i nizov'iakh Amu-Dar'i s drevneishikh vremen do XVII veka," *Sochineniia,* Moscow: Nauka, Glavnaia redaktsiia vostochnoi literatury, vol. 3, pp. 15-94.

[Beneveni, F.]

1853 "Dnevnik prebyvanii Fl. Beneveni v Khive," A. Popov (ed.), *Snosheniia Rossii s Khivoi i Boukharoi pri Petre Velikom,* Saint Petersburg: Tipografiia Imperatorskoi Akademii nauk, pp. 170-188.

Berg, L.

1908 *Aral'skoe more: Opyt fiziko-geograficheskoi monografii,* Saint Ptersburg: Tipografiia M. M. Stasiulevicha.

Ermolaev, M. N.

1908 *Propusk vod r. Amudar'i v Mervskii i Tezhenskii oazisy s tsel'iu orosheniia 516000 desiatin zemli v Vostochnyi chast' Zakaspiiskoi oblasti,* Saint-Petersburg: Tipografiia uchilishcha glukhonemykh.

G'ulomov, Ya. G'

1959 *Xorazmning sug'orilish tarixi: Qadimgi zamonlardan hozirgacha,* Toshkent: O'zbekiston SSR Fanlar akademiyasi nashriyoti.

[Ḥāfiẓ Abrū,] Shahāb al-Dīn 'Abdullāh Khvāfī

1997 *Jughrāfiyā-yi Ḥāfiẓ Abrū,* Ṣ. Sajjādī (ed.), Vol. 1, Tihrān: Bunyān.

Ḥamd Allāh Mustawfī Qazvīnī

1915 *Nuzhat al-qulūb,* G. Le Strange (ed.), Leiden: E.J. Brill.

[Jenkinson, A.]

1886 "Early Voyages and Travels to Russia and Persia by Anthony Jenkinson and other Englishmen with Some Account of the First Intercourse of the English with Russia and Central asia by way of the Caspian Sea," in *Islamic Geography: Text and Studies on Central Asia and the Amu Darya,* F. Sezgin (ed.), vol. I, Frankfurt am Main: Institute for the History of Arabic-Islamic Science at the Johann Wolfgang Goethe University, pp. 41-105.

Khudaykulova, N. A.
2017 "Istoriia stroitel'stva Tuiamuiunskogo gidrouzla," *Aptiori: seriia gumanitarnye nauki,* 2017-2.（http://apriori-journal.ru/seria1/2-2017/Hudajkulova.pdf 二〇一九年三月一九日閲覧）

[Masal'skii, V. I.]
1913 *Rossiia: Polnoe geograficheskoe opisanie nashego otechestva,* vol. 19, *Turkestanskii krai,* V. I. Masal'skii (ed.), Saint Petersburg: Izdanie A. F. Devriena.

Mat'ureli, I.
1990 *Vakhushti Bagrationis kartograp'iuli memkvidreoba,* T'bilisi: Gamomts'emloba Sak'art'velo.

Mushketov, I. V.
1915 *Turkestan: Geologicheskoe i orograficheskoe opisanie po dannym, sobrannym vo vremia puteshestvii s 1874 g. po 1880 g.,* 2nd Edition, Petrograd: Tipografiia M. M. Stasiulevicha.

Poghosyan, F. G. (ed.)
1967 *Datastanagirk' Astrakhani Hayots',* Yerevan: Haykakan SSH gitut'yunneri akademiayi hratarakch'ut'yun.

Poujol, C.
1985 "Les Voyageurs Russes et l'Asie Centrale: Naissance et Declin de Deux Mythes, les Réserves d'Or et la Voie Vers l'Inde," *Central Asian Survey,* 4-3, pp. 59-73.

Pravilova, E.
2009 "River of Empire: Geopolitics, Irrigation, and the Amu Darya in the Late XIXth Century," *Le Turkestan russe: Une colonie comme les autres?,* S. Gorshenina and S. Abashin (eds.), Tashkent, Paris: IFÉAC, pp. 254-287.

Shīr Muḥammad Mīrāb Mūnis and Muḥammad Riżā Mīrāb Āgahī
1988 *Firdaws al-iqbāl: History of Khorezm,* Y. Bregel (ed.), Leiden: Brill. （英訳注： [Bregel, Y.] 1999. Shīr Muḥammad Mīrāb Mūnis, Muḥammad Riżā Mīrāb Āgahī, *Firdaws al-iqbāl: History of Khorezm,* translated from Chaghatay and annotated by Y. Bregel, Leiden: Brill.）

Teichmann, C.
2013 ""Wasser ist hier wie Gold": Künstliche Bewässerung und früher Sowjetstaat am Unterlauf des Amudarja," A. Dzhumashev, O. Günther and Th. Loy (eds.), *Aral Histories: Geschichte und Erinnerung im Delta des Amudarja,* Wiesbaden: Reichert Verlag,

pp. 75-99.

Tsinzerling, V. V.

1924 *Oroshenie na Amu-Dar'e,* Moscow: Izdanie Uplavleniia vodnogo khozhaistva Srednei Azii.

Valîdî, Ahmet-Zeki [Togan]

1927 "Türkistan İktisadiyatında «Yerli» ve «Rus» Nokta-i Nazarları ve «Arıs-Semey Hattı»," *Yeni Türkistan,* 4, pp. 15-21.

[Vatatzēs, B.]

1886 *Periēgētikon,* in "Voyages de Basile Vatace en Europe et en Asie," E. Legrand (ed.), *Nouveaux mélanges orientaux: mémoires, textes et traductions,* Paris: E. Leroux, pp. 227-292.

〈新聞記事〉

「ｅひと　アラル海で続ける植林——市民環境研究所代表・石田紀郎さん七八歳」朝日新聞デジタル二〇一八年八月二八日（https://digital.asahi.com/articles/DA3S13654839.html　二〇一九年三月一六日閲覧）

［附記］

本書は、平成三〇年度旭硝子財団人文・社会科学系研究奨励「「中央アジアの水資源利用と社会の再生に向けた在来知の活用」（代表）、科学研究費補助金（基礎研究Ｂ、一九Ｈ〇一三一六、代表）、同（基盤研究Ａ、一八Ｈ〇三六〇八、分担）の研究成果の一部である。

あとがき

私が松下アジアスカラシップ（現・松下幸之助国際スカラシップ）のご支援をいただき、中央アジアのウズベキスタン共和国に留学してから（2006～2008年）、もう10年以上の月日が経過してしまった。その間に留学中の研究成果として、『中央アジア灌漑史序説——ラウザーン運河とヒヴァ・ハン国の興亡』（風響社、2014年）（平成25年度科学研究費助成事業・研究成果公開促進費の支援を受けて刊行）を上梓する機会にも恵まれた。同書は、現在のウズベキスタン共和国ホラズム州とトルクメニスタン共和国ダシュオグズ州の国境地帯にあったラウザーン運河という一水路周辺で、19～20世紀初頭にかけての120年あまりの間に起きた諸事件とその背景、歴史的重要性を、一次史料を読み解きながら、従来中央アジア近現代史研究ではあまり注目されてこなかった水利史、地方政権史、企業家史などの視点から明らかにした。その過程で、17世紀以降中央アジア西部で移動を活発化させたトルクメン遊牧民の動向、20世紀初頭の短期間集中的に見られたロシア人企業家の中央アジアにおける大規模灌漑事業への進出計画と並んで、本書のテーマであるアム川のカスピ海への転流構想史は、今後長く研究を続ける必要性のある、またやりがいのあるテーマであることに気づいた。そこで本書では、この構想がアム川流域の大規模灌漑事業にどのような影響を与えてきたのか、現代のアラル海問題とどういう関係があるのかという視点から、その歴史的展開を500年余りのタイムスパンで描いてみることにした。その試みの成否の判断は読者に委ねるしかないが、筆者には1人でも多くの方にこの構想の存在を知ってほしい、そして我こそはという方が将来このテーマに取り組み、国内のみならず国外でも注目されるような成果を挙げてほしいという思いから、執筆をさせていただいた次第である。

最後に、本書執筆に関わる現地調査にご支援をいただいた旭硝子財団に深く感謝申し上げます。また本書執筆の機会を賜った松下幸之助記念志財団の皆さま、同スカラシップフォーラム委員の皆さま、そして風響社の石井雅社長に厚く御礼申し上げますとともに、研究を見守ってくれる両親に改めて感謝の意を表したいと思います。

著者紹介

塩谷哲史（しおや　あきふみ）

1977年宇都宮市生まれ。

博士（文学）（東京大学、2012年2月）。

専攻は歴史学、中央アジア近現代史。

現在、筑波大学人文社会系助教。

主要著書として『中央アジア灌漑史序説』（風響社、2014年）、また最近の論文として、「1842年ガージャール朝使節団のヒヴァ派遣」（『内陸アジア史研究』33、2018年）、「伊犁通商条約（1851年）の締結過程から見たロシア帝国の対清外交」（同32、2017年）、など。

転流　アム川をめぐる中央アジアとロシアの五〇〇年史

2019年10月15日　印刷
2019年10月25日　発行

著　者　塩谷哲史

発行者　石井　雅

発行所　株式会社　風響社

東京都北区田端4-14-9（〒114-0014）
Tel 03（3828）9249　振替 00110-0-553554
印刷　モリモト印刷

　ISBN978-4-89489-415-0　C0022